In der Grenzregion: Dimensionen fachlicher
und wissenschaftlicher Kommunikation

Winfried Thielmann
Helena Neumannová
(Hrsg.)

In der Grenzregion: Dimensionen fachlicher und wissenschaftlicher Kommunikation

PETER LANG
Frankfurt am Main · Berlin · Bern · Bruxelles · New York · Oxford · Wien

Bibliografische Information der Deutschen Nationalbibliothek
Die Deutsche Nationalbibliothek verzeichnet diese Publikation
in der Deutschen Nationalbibliografie; detaillierte bibliografische
Daten sind im Internet über http://dnb.d-nb.de abrufbar.

Umschlaggestaltung
© Olaf Gloeckler, Atelier Platen, Friedberg

ISBN 978-3-631-63900-9
© Peter Lang GmbH
Internationaler Verlag der Wissenschaften
Frankfurt am Main 2012
Alle Rechte vorbehalten.

Das Werk einschließlich aller seiner Teile ist urheberrechtlich geschützt. Jede Verwertung außerhalb der engen Grenzen des Urheberrechtsgesetzes ist ohne Zustimmung des Verlages unzulässig und strafbar. Das gilt insbesondere für Vervielfältigungen, Übersetzungen, Mikroverfilmungen und die Einspeicherung und Verarbeitung in elektronischen Systemen.

www.peterlang.de

Inhalt

Winfried Thielmann / Helena Neumannová
Vorwort 7

1. Gesellschaftliche Implikationen wissenschaftlicher Sprachlichkeit

Konrad Ehlich
Wissenschaftssprache(n) und Gesellschaft 13

Christian Fandrych / Betina Sedlaczek
Sprachkompetenzen und Sprachverwendung in englischsprachigen
Studiengängen an deutschen Hochschulen. Ergebnisse einer empirischen
Studie 25

2. Didaktik und Methodik der Fach- und Wissenschaftssprachvermittlung

Melanie Moll
„Aber ich hab' doch schon C 1" – Lehrmaterialien für studienbegleitende
Wissenschaftssprachkurse 47

Winfried Thielmann
Wissenschaftlichkeit als Stil? Über studentische Annäherungsversuche 67

Iris Fischer
Sprachlich-kommunikative Handlungserfordernisse im Beruf am Beispiel
der ärztlichen Niederlassung in Deutschland 81

Helena Neumannová
Die Chancen von Promovierten auf dem euroregionalen Arbeitsmarkt.
Zur Rolle der (Fach)Sprachenkompetenzen 97

Irena Vlčková
Wirtschaftsdeutsch online 107

3. Fachsprache(n)

Gabriele Graefen
Vom Abgrenzen und Definieren in der Fachsprachenforschung.
Beitrag zu einer Kritik 121

Martin Lachout
Die „Sprache der Politik" unter linguistischer Betrachtung........................ 135

Dagmar Weginger
Die Fachsprache der Europäischen Sicherheits- und Verteidigungspolitik
anhand ausgewählter deutscher, tschechischer und italienischer Termini 151

Ingo T. Herzig
Die Geschichte des deutschen Fachwortschatzes im Tschechischen und
Skandinavischen 159

Abstracts 169

Autorenverzeichnis 185

Vorwort

Die Beiträge zu diesem Band sind aus der Tagung „Fach- und Wissenschaftskommunikation" hervorgegangen, die im Rahmen des Ziel 3-/Cíl 3-Projekts Sächsisch-Tschechische Hochschulinitiative (STHI) vom 7. bis 9. Oktober 2010 in Liberec stattfand. In der sächsisch-tschechischen Grenzregion wurde dort den Charakteristika, Grenz- und Überschneidungsbereichen zweier sprachlicher Varietäten nachgegangen, die in der linguistischen Forschung eigentlich erst seit den Arbeiten von Harald Weinrich (1985, 1995) und Konrad Ehlich (1993, 1995) als zwar partiell verwandte, aber doch recht eigenständige Ausprägungen sprachlicher Handlungsformen bekannt sind.

Während sich fachliche Varietäten vor allem den Benennungserfordernissen arbeitsteiliger Praxen verdanken (exempl. Lachout in diesem Band, Thielmann 2011), zeichnet sich Wissenschaftssprache darüber hinaus durch – weitgehend disziplinübergreifende – sprachliche Mittel und Verfahren aus, die zum einen als Metasprache alltäglicher Wissenschaftspraxis fungieren (Ehlich 1995) und mit denen zum anderen die Strittigkeit wissenschaftlichen Wissens bearbeitet wird (Ehlich 1993). Zur sprachlichen Bearbeitung dieser essentiellen wissenschaftlichen Zwecke werden vor allem gemeinsprachliche Mittel in die Pflicht genommen – die Vorstellung von der Einzelsprachenunabhängigkeit wissenschaftlicher Erkenntnis und ihrer Kommunikation (Widdowson 1979) ist mit dieser Einsicht hinfällig. Die Spezifik dieser wissenschaftstypischen Funktionalisierungen gemeinsprachlicher Mittel stellt nicht nur Nichtmuttersprachler beim Erlernen einer fremden Wissenschaftssprache, sondern auch Muttersprachler im Rahmen ihrer wissenschaftlichen Sozialisation auf eine harte Probe.

Vor dem Hintergrund dieser Gegebenheiten befassen sich die Beiträge mit den folgenden drei Gegenstandsbereichen: gesellschaftlichen Implikationen wissenschaftlicher Sprachlichkeit – Didaktik und Methodik der Fach- und Wissenschaftssprachvermittlung – Fachsprache(n).

Zu den Beiträgen im Einzelnen: Die Voraussetzungen für die europäische Wissenschaft liegen, so *Konrad Ehlich*, in den drei Ökumenen des vorderorientalisch-europäischen Raumes: der lateinischen Welt, Byzanz und der arabischen Welt – eine Situation, für die es anderswo auf der Welt kein Pendant gibt. Über komplexe Traditionslinien wurde schließlich der lateinische Raum bestimmend, wo sich ein – im heutigen Sinne modernes – Wissenschaftsverständnis zeitgleich mit der sukzessiven Nutzung der Volkssprachen für das wissenschaftliche Geschäft etablierte. So kommt es zu spezifischen Nutzungen gemeinsprachlicher Elemente in der Wissenschaft und deren Retransfer in die Gemeinsprachen, zu einzelsprachenspezifischen *alltäglichen Wissenschaftssprachen*, die zugleich als Metasprachen für die wissenschaftliche Praxis und als Instrumente der Kommunikation wissenschaftlicher Erkenntnis in die Gesellschaften dienen. Vor diesem Hintergrund erhält die Sprechweise von verschiedenen Wissenschaftskulturen ihre Berechtigung, nicht zuletzt auch mit Blick auf jene Regionen, in denen die Wissens- und Wissenschaftsentwicklung eine von dem lateinischen Raum unabhängige Entwicklung genommen hat. Die Frage der Verallgemeinerbarkeit wissenschaftlicher Erkenntnis erhält von hierher ihre Dringlichkeit und Schärfe, die Frage nach den in verschiedenen ausgebauten Wissenschaftssprachen angelegten spezifischen Möglichkeiten ihre Relevanz. Denn die Nutzung einer einzigen aus der Tradition des lateinischen Raumes hervorgegangenen Wissenschaftssprache, des Englischen – und dies zugleich in deren zur *lingua franca* reduzierten Version –, kann keine Alternative darstellen. Europa ist gerade dabei, die Chancen zu verspielen, die in der Existenz mehrerer ausgebauter Wissenschaftssprachen liegen. Die europäische Politik steht hier in der Pflicht, die Voraussetzungen für die Praktizierung wissenschaftlicher Mehrsprachigkeit und damit für den Erhalt dieser Wissenschaftssprachen zu schaffen.

Wie sich das Verspielen der Chancen wissenschaftlicher Mehrsprachigkeit durch eine der Globalisierungsidee verpflichtete indirekte Sprachpolitik in Deutschland auswirkt, hiervon vermittelt der Beitrag von *Christian Fandrych* und *Betina Sedlaczek* ein eindrucksvolles Bild. An den deutschen Universitäten sind vermehrt postgraduale internationale Studiengänge eingeführt worden mit dem Ziel, internationale Studierende anzuziehen. Die Lehre in diesen Studiengängen erfolgt auf Englisch. Wie die Studie zeigt, sind die Englischkenntnisse der internationalen Teilnehmer insgesamt sehr unbefriedigend und diejenigen der Dozenten fragwürdig. Zugleich werden – im Gegensatz zu den Interessen der Studierenden – fachliche und auf den Alltag bezogene Deutschkenntnisse kaum befördert. Hiermit wird nicht nur das politische Interesse, das hinter der Einführung solcher Studiengänge steht – nämlich die langfristige Bindung internationaler Wissenschaftler an den deutschen Raum – konterkariert; zugleich darf man davon ausgehen, dass das Interesse an einer wissenschaftlichen Qualifizierung auf hohem Niveau durch eine solche Art der Lehre nicht bedient werden kann.

Dass gerade die unscheinbaren, da gemeinsprachlichen Elemente wissenschaftlicher Sprachlichkeit eine große Herausforderung bedeuten können, zeigt *Melanie Moll* in ihrem Aufsatz, der mit der Didaktik der Vermittlung alltäglicher Wissenschaftssprache an ausländische Studierende befasst ist. Diese sprachlichen Mittel, die – im Gegensatz zur Fachterminologie – die eigentliche Schwierigkeit beim Erlernen einer fremden Wissenschaftssprache darstellen, sind, wie Moll an Fügungen des Vergleichens und Gegenüberstellens deutlich macht, zugleich unauffällig und komplex.

Ebenfalls gemeinsprachliche Mittel sind es, durch die die Zwecke der wissenschaftlichen Auseinandersetzung, der Eristik (Ehlich 1993), bedient werden. Diese bereiten zunehmend auch muttersprachlichen Studierenden Schwierigkeiten, wie *Winfried Thielmann* deutlich macht: Wie er anhand von Stellen aus Qualifikationsschriften zeigt, werden diese Elemente bei der wissenschaftlichen Lektüre häufig nicht erkannt, so dass nur die propositionale Dimension wissenschaftlicher Texte überhaupt zur Kenntnis genommen wird. Dies, in Verbindung mit einer ebenfalls zu beobachtenden Erosion gemeinsprachlicher Fähigkeiten, lässt es als nicht sinnvoll erscheinen, Studierenden den komplexesten Teil ihrer sprachlich-begrifflichen Sozialisation in einer Fremdsprache zu oktroyieren.

Neue Wege der *Fachsprachendidaktik* beschreiben die Arbeiten von *Iris Fischer*, *Helena Neumannová* und *Irena Vlčkova*. In Absetzung von – in der Regel am grünen Tisch verfertigten – sprachlichen Leitfäden für Mediziner und vor dem Hintergrund einer erwartbar zunehmenden Anzahl ausländischer niedergelassener Ärzte in Deutschland entwirft *Iris Fischer* ein Programm für eine empirische Ermittlung des tatsächlichen sprachlichen Handlungsbedarfs für niedergelassene Ärzte als Basis für eine an faktischen Bedürfnissen orientierte Sprachdidaktik – und setzt damit eine Forderung von *Gabriele Graefen* (s. u.) bereits praktisch um. Eine *needs analysis* im Hinblick auf sprachliche und fachsprachliche Kenntnisse von Promovierten führt *Helena Neumannová* für den sächsisch tschechischen Grenzraum durch – mit zum Teil überraschenden Ergebnissen. *Irena Vlčkova* dokumentiert Online-Ressourcen für die Vermittlung der Varietät Wirtschaftsdeutsch.

Dass die Fachsprachenforschung zu ihrem großen Schaden viel zu lange der metonymischen Benennung ihres Gegenstandes aufgesessen ist, zeigt *Gabriele Graefen* in ihrem kritischen Beitrag. Das strukturalistische Verständnis von Fachsprachen als tendenziell selbständigen Sprachsystemen hat, so Graefen, nicht nur zu dem – unsinnigen – Bemühen geführt, von „Fachsprache" a priori eine Definition geben zu wollen, sondern auch den Blick darauf verstellt, fachliche Sprachlichkeit im Zusammenhang ihres Auftretens, also vorwiegend in Institutionen, empirisch zu erfassen.

Mit konkreten fachlichen Varietäten der Politik und der europäischen Verteidigungs- und Sicherheitspolitik sind die Beiträge von *Martin Lachout* und *Dagmar Weginger* befasst. Der sprachhistorische Beitrag von *Ingo T. Herzig* macht deutlich, dass sich Benennungen immer mit den Sachen einstellen – eine Beobachtung, die auch für Wissenschaftssprache relevant ist: Wird nämlich Wissenschaft nur noch in einer Sprache betrieben, die nur für einen Teil der Wissenschaftlergemeinschaft Muttersprache ist, wird dieser Teil auch über die terminologische (und mithin theoretische) Oberhoheit verfügen.

Die Herausgeber danken allerherzlichst der STHI in Gestalt ihrer nimmermüd-freundlichen und kompetent-nimmmermüden, alles gleichzeitig bedenkenden und stets den Kopf oben behaltenden Projektrepräsentantin Ilona Scherm für die Tagungsorganisation sowie die Mitedition und Finanzierung dieses Bandes. Darüber hinaus seien herzlich bedankt: Martin Munke für die Einrichtung der Beiträge, Kathrin Heinold für die Bearbeitung der Abbildungen und Sandy Rücker für die Abfassung der deutschen Abstracts. Für die tschechische Übersetzung der Abstracts sei Jan Prokopec, für die Mitwirkung bei deren englischer Übersetzung Cornelia Neubert herzlich gedankt.

Winfried Thielmann / Helena Neumannová

Chemnitz / Liberec, Dezember 2011

Literatur

Ehlich, Konrad (1993): Deutsch als fremde Wissenschaftssprache. In: Jahrbuch Deutsch als Fremdsprache 19, 13-42.

Ehlich, Konrad (1995): Die Lehre der deutschen Wissenschaftssprache: sprachliche Strukturen, didaktische Desiderate. In: Kretzenbacher, Heinz Leonhard / Weinrich, Harald (Hrsg.): Linguistik der Wissenschaftssprache. Berlin et al.: de Gruyter, 325-352.

Thielmann, Winfried (2009): Deutsche und englische Wissenschaftssprache im Vergleich. Hinführen – Verknüpfen – Benennen. Heidelberg: Synchron.

Thielmann, Winfried (2011): Möglichkeiten und Grenzen der Vermittlung interkultureller Phänomene im Fremdsprachenunterricht. In: Bosse, Elke / Kreß, Beatrix / Schlickau, Stephan (Hrsg.): Methodische Vielfalt in der Erforschung interkultureller Kommunikation an deutschen Hochschulen. Frankfurt am Main et al.: Lang, 119-130.

Weinrich, Harald (1985): Sprache und Wissenschaft. In: Merkur 39, 496-506.

Weinrich, Harald (1995): Wissenschaftssprache, Sprachkultur und die Einheit der Wissenschaft. In: Ders. / Kretzenbacher, Heinz Leonhard (Hrsg.): Linguistik der Wissenschaftssprache. Berlin et al.: de Gruyter, 155-174.

Widdowson, Henry G. (1979): The Description of Scientific Language. In: Ders.: Explorations in Applied Linguistics. Oxford: Oxford University Press, 51-61.

1. Gesellschaftliche Implikationen wissenschaftlicher Sprachlichkeit

Wissenschaftssprache(n) und Gesellschaft

Konrad Ehlich (Berlin / München)

Brigitte Handwerker
bei Gelegenheit ihres 4x15. Geburtstages
am 29. 2. 2012
in Freundschaft zugeeignet

1. Der Ausdruck *Wissenschaftssprache* – zwei Metonymien und ihre Grenzen

Wenn wir von einer Wissenschaftssprache reden, reden wir von Sprache in einem anderen Sinn, als wenn wir von einer Sprache wie Englisch, Deutsch, Griechisch, Hindi oder Chinesisch reden. Wir haben es dann immer sozusagen mit einer Übertragung des *allgemeinen* Konzepts von Sprache auf einen *spezifischen* Verwendungszusammenhang von Sprache zu tun. Dieses Übertragungsverfahren gerät leicht aus dem Blick, wenn man sich mit dem Thema der Wissenschaftssprache beschäftigt. Umstandslos und ziemlich undifferenziert und im Einzelnen nicht weiter ausgewiesen werden so verschiedene Aspekte von dem, was in unserem Alltag und zum Teil auch im wissenschaftlichen Verständnis von Sprache semantisch „abgebunden" ist, in die Bestimmungen von Wissenschaftssprache transferiert. Leicht gerät die Metonymie – die Übertragung, die Metaphorisierung eines Ausdrucks bei gleichzeitiger Teilhabe beider Übertragungselemente am selben Phänomenbereich – zu einer Allegorie, indem sozusagen Punkt für Punkt ein solcher Transfer vorgenommen wird. Man fragt dann insbesondere nach der Grammatik der Wissenschaftssprache oder nach ihrer Lexik. Damit freilich erschöpft sich auch schon im Großen und Ganzen das, was das alltägliche und dann weithin auch das wissenschaftliche Verständnis von Sprache bedeutet.

Eine solche Verfahrensweise ist nicht der Sinn einer Metonymie; sie ist aber eine der üblichen Gefahren, wenn wir metaphorisierende Redeweise verwenden. *Wissenschaftssprache* ist also eine Übertragung eines anderweitig gewonnenen Konzeptes auf einen spezifischen Anwendungsbereich.

Doch es ist mit *dieser* Metonymie, so scheint mir, nicht getan; vielmehr findet sich eine weitere. Entsprechend habe ich in der Überschrift dieses Abschnittes von zwei Metonymien geredet. Diese zweite Metonymie – das sage ich etwas zögernd – betrifft eigentlich das Element „Wissenschaft" im Kompositum *Wis-*

senschaftssprache. Was wird semantisch aufgerufen, wenn wir den Ausdruck *Wissenschaft* verwenden? Wir haben es hier mit einer wissenschaftsgeschichtlichen Besonderheit zu tun, die sich aus der Entwicklung der Wissenschaft ergibt, die in Europa seit dem ausgehenden Mittelalter begonnen hat und hier im mitteleuropäischen, im deutschen Sprachbereich eine spezifische Entfaltung erfahren hat.

Im englischen Sprachbereich gibt es bekanntlich keinen Ausdruck, der dem Ausdruck *Wissenschaft* extensional oder gar intensional entspricht. Es gibt hier einerseits den Ausdruck *science*; andererseits gibt es darüber hinaus den eher diffusen Ausdruck *arts*. Das ist eine mittelalterliche Bestimmung; genauer gesagt: „*the arts*" transportiert eine mittelalterliche Bestimmung, die der *septem artes liberales*, in die wissenschaftsgeschichtliche Gegenwart. Die *artes liberales* waren gleichsam das Grundstudium der ganzen mittelalterlichen universitären Ausbildung. Demgegenüber hat sich die *scientia* – mit dem Ausdruck ist ja zunächst einfach nur „Wissen" bezeichnet – als etwas dazu anderes herausgebildet, und zwar in einem komplexen Absetzungsprozess, in einem Prozess, der nicht zuletzt von bestimmten praktischen Zusammenhängen vorangetrieben wurde.

Die eigentlichen Wissensbestimmungen der mittelalterlichen Kulturen waren demgegenüber in kanonischen Textzusammenhängen niedergelegt. Für die Theologie ganz selbstverständlich als die kanonischen Bücher der Bibel, die durch die Autorität der Kirche in ihrer eigenen Autorität garantiert waren – eine Bestimmung, die bereits im 2. Jahrhundert durch den Lyoneser Bischof Irenäus entwickelt und dauerhaft gemacht wurde (Campenhausen 1968). Aber auch für das sonstige Wissen gelten ähnliche Autorisierungen und Kanonpraktiken. Sie sind etwa in den „Etymologiae" des Isidor von Sevilla (Möller 2008) zusammengefasst. Wissen ist ein in autorisierten Texten abgefasstes und abgelagertes Wissen. Demgegenüber hat sich die *scientia* als ein Wissen entwickelt, das sozusagen aus einer Oppositionsstruktur gegenüber diesem fest etablierten Wissen heraus entstanden ist.

Wenn in der englischsprachigen und in einigen anderen Wissenschaftskulturen *sciences* und *arts* so voneinander geschieden werden, wird eine Gemeinsamkeit zwischen diesen beiden Bereichen eben gerade nicht unterstellt – und das ist eine große Problematik für die Kommunikation zwischen den Wissenschaftskulturen. Wenn also von Wissenschaftssprache als Sprache in Bezug auf Wissenschaft (nicht als Sprache „von Wissenschaft", als Sprache, „in der Wissenschaft betrieben wird") die Rede ist, erfolgt auf eine diffuse Weise ein wechselseitiger Übertragungsprozess in Bezug auf das Wissenschaftskonzept, ein Übertragungsprozess von der *scientia* oder von den *scientiae* zu den *artes* und von den *artes* zu den *scientiae*. Dieser Übertragungsprozess ist durchaus schwierig und in seinen Auswirkungen keineswegs aufgeklärt. Auf dem Höhepunkt der deutschen idealistischen Philosophie am Ausgang des 18. und zu Beginn des 19. Jahrhunderts wurden dazu weitreichende Konzepte entwickelt – sowohl in der „Wissenschaftslehre" von Johann Gottlieb Fichte (1804 / 1986) wie insbesondere dann in Georg Friedrich Wilhelm Hegels beiden großen Systementwürfen (Hegel 1807 / 1988; 1830 / 1959). Diese Entwicklungen wurden in der westlichen Welt nicht umfassend rezipiert – mit gravierenden Folgen unter anderem für das Reden von der oder den Wissenschaftssprachen.

Wir haben es demnach mit *zwei* Metonymien zu tun. Das bedeutet, dass wir doppelt auf der Hut vor allegorisierenden Ausdehnungen sein sollten, wenn wir von „Wissenschaftssprache" sprechen.

2. Sprache und Kommunikation, Wissenschaftssprache und Wissenschaftskommunikation

Wenden wir uns als nächstes dem Verhältnis von Sprache und Kommunikation, dem von Wissenschaftssprache und Wissenschaftskommunikation, zu. Das Verhältnis von Sprache und Kommunikation ist in einer durchaus differenzierten Weise ein komplexes Verhältnis. Es gibt ohne Zweifel *kommunikative* Verfahrensweisen, die durchaus nicht *sprachlich* sind. Kommunikation ist zudem etwas, was nicht auf die menschliche Gattung beschränkt ist, was vielmehr in vielfältiger Weise für andere Lebewesen, jedenfalls aber für die tierische Welt insgesamt charakteristisch ist. Kommunikation bedient sich sehr unterschiedlicher Verfahrensweisen, z. B. des olfaktorischen Bereichs, der sinnlichen Wahrnehmbarkeit dessen, was dem Riechen als einem eigenen Sinn zugänglich ist. Dies wird etwa bei der Insektenkommunikation (Ameisen, Bienen usw.) genutzt, die als ein sehr kompliziertes und komplexes Kommunikationssystem entwickelt wurde, ohne dass freilich das Ganze zu einer Sprache geworden wäre. Sprache ist in dieser Perspektive *eine* spezialisierte Realisierungsform von Kommunikation. Es findet also von Kommunikation allgemein hin zur Sprache eine Art Verengung statt.

Wenn wir hingegen von Wissenschaftssprache und Wissenschaftskommunikation reden, dann ist die Bewegung sozusagen genau umgekehrt. Die Wissenschaftssprache wird erst *als* eine spezifische Form der Wissenschaftskommunikation in ihrer Eigenart erkennbar, und nur bezogen auf die Wissenschaftskommunikation kann sie als spezifische überhaupt erfasst werden. Wissenschaftssprache ist eine Menge von Ressourcen der Wissenschaftskommunikation. Die Befassung mit Wissenschaftssprache sollte also bestrebt sein, herauszufinden, was eigentlich Wissenschaftskommunikation ist und in welcher Weise Wissenschaftssprache – immer mit den im ersten Abschnitt benannten Kautelen

– für die Zwecke der Wissenschaftskommunikation charakteristisch, spezifisch und einsetzbar ist.

3. Zu den gesellschaftlichen Bedingungen von Wissenschaft und ihren sprachlichen Voraussetzungen und Folgen

Wissenschaft ist keineswegs etwas, was für alle und in allen Gesellschaften existent ist, und sie ist nichts, was in allen Phasen der Geschichte existent war. Wissenschaft erfordert für ihre Entwicklung spezifische Bedingungen, und diese spezifischen Bedingungen sind auf das Engste mit gewissen sprachlichen Voraussetzungen verbunden. Wissenschaft in der Weise, wie wir sie verstehen, ist eine spezifische, vor allem an den vorderorientalisch-europäischen Raum (VER) gebundene Veranstaltung. Dieser Raum umfasst drei große Subgebiete, die man mit einem Ausdruck aus dem hellenistischen Griechisch als drei „Welten", als drei „Ökomenen", bezeichnen kann („oikoyméne", „bewohnte Erde" wurde in diesem Sinn gebraucht – eine Attributphrase, die vor allem in der kirchlichen Terminologie weiterlebt). Diese drei Ökumenen sind einerseits die westliche Ökumene, also die lateinische Welt und ihre Folgen, in der wir uns normalerweise bewegen; andererseits die östliche Ökumene, Byzanz und die byzantinischen orthodoxen Expansionen des Christentums. Beiden liegt das wechselvolle Spannungsverhältnis von Judentum, *hellenismos* und *latinitas* zugrunde. Schließlich findet sich eine südliche Ökumene, nämlich die arabische Welt mit ihren Grundlagen innerhalb des Islam, die in einer spezifischen Weise auf der judäo-christlich-byzantinischen aufruht und deren Filiation ist.

Alle drei Bereiche sind dependent von einer jeweiligen auratischen Textmenge: der Bibel einerseits mit ihren zwei Teilen, dem Neuen und dem Alten Testament – in letzterem zugleich den Tanach, also die Tora, die „Propheten" („Nevi'im") und die „Schriften" („Ketuvim") aufnehmend und weitertradierend – und dem Koran („Qur'an"). Diese spezifischen Voraussetzungen haben es möglich gemacht, gewisse Ergebnisse der griechischen Antike in jeweils spezifische Kontinuitäten zu bringen und in diesen Kontinuitäten weiterzuentwickeln.

Diese Entwicklungen sind ein Spezifikum. Sie haben kein Pendant vergleichbarer Art in der indischen, kein Pendant in der chinesischen Wissenskultur. Sich das konkret vor Augen zu halten ist wichtig – nicht im Sinn einer (nur allzu oft in den letzten drei Jahrhunderten praktizierten) Arroganz und vermeinten europäischen Überlegenheit, sondern als Wahrnehmung der Verantwortung gegenüber historischen Faktoren, die es in ihren Voraussetzungen und Konsequenzen zu bedenken gilt, als Wahrnehmung also von Differenz und als analytischer und forschungslogischer Imperativ.

Für diese drei Ökumenen, diese drei großen kommunikativen Kommunitäten, war zunächst die jeweilige Fundierung in einer spezifischen Sprache charakteristisch – im Griechischen für die östliche Ökumene, im Lateinischen (im Wesentlichen eine Übersetzungskultur) für die westliche Ökumene und im Arabischen für die südliche Ökumene. In diesen drei Sprachen ist Wissenschaft wesentlich vorangetrieben worden. Alle drei Sprachen sind hochflektierende Sprachen des indoeuropäisch-semitischen Typs. Das Semitische und das Indoeuropäische gehen zwar durchaus in mehreren Weisen auseinander; aber in einer spezifischen Weise sind semitische und (west-)indoeuropäische Strukturen auch parallel und sehr ähnlich. Die Hochflektiertheit hat im Lateinischen und im Griechischen u. a. zur Folge gehabt, dass sich komplexe Hypotaxensysteme ausgebildet haben; dies und die Verbalflexion selbst sind zwei wesentliche sprachliche Voraussetzungen für das, was sich dann als Wissenschaft konkret entwickelt hat.

Zugleich haben die Entwicklungen von wissenschaftlichen Strukturen dazu beigetragen, dass sich die sprachlichen Voraussetzungen konsolidiert haben. Das lässt sich besonders gut am byzantinischen Beispiel beobachten. Dort hat sich durch die politischen Umstände ab 600 / 700 n. Chr. und dann schließlich bis zum vollkommenen Niedergang 1453 eine weitgehend konservierende Form von Wissenschaft herausgebildet, die eine Zeitlang auch für die Entwicklung des Westens charakteristisch war, dies aber nicht blieb. Wir finden hier sozusagen zwei historische „Fall"-Beispiele, an denen die Entwicklungen von Wissenschaftskulturen untersucht werden können, und zwar in ihren positiven wie in ihren negativen Merkmalen.

4. Die alltägliche Wissenschaftssprache und die gesellschaftliche Verallgemeinerung wissenschaftlichen Wissens

Wenn wir den Blick nun auf die westliche Welt richten, so ist die Menge der Prozesse, die ab dem Beginn der sogenannten Neuzeit seit dem 13. Jahrhundert in Oberitalien ein- und in der Folgezeit sich dann durchgesetzt haben, eine zentrale Voraussetzung wie eine zentrale Folge des Betreibens von Wissenschaft: nämlich die Umsetzung und die Diversifizierung der lateinischen Wissenschaftswelt in eine Vielzahl von einzelnen volkssprachlichen Wissenschaftskulturen. Für diese ist ein spezifisches Verhältnis von Alltagssprache und Wissenschaftssprache charakteristisch. Dieses spezifische Verhältnis resultiert in der

Herausbildung einer „alltäglichen Wissenschaftssprache" (Ehlich 1999) mit einem Transfer von alltagssprachlichen sprachlichen Verfahren für die Zwecke der Wissenschaftskommunikation einerseits und einem Retransfer von dem, was in der spezifischen Form der Wissenschaftskommunikation mit diesen Sprachen geschieht, in diese Sprachen selbst andererseits. Das Ergebnis dieser wechselseitigen Transferprozesse ist die Herausbildung spezifischer sprachlicher Strukturen, die als eine Art präsuppositioneller Bestand für die Kommunikation zum Zweck und in Form differenzierter Wissenskommunikation charakteristisch sind. Sie sind eine intermittierende Größe und zugleich ein erheblicher gesellschaftlicher Vermittlungsbereich. So ist die alltägliche Wissenschaftssprache eine wichtige Verallgemeinerungsvoraussetzung für Wissenschaft – nicht nur in der Weise einer weitgehenden Verbreitung gewonnener Erkenntnisse, sondern zugleich in dem Sinn, dass diese Erkenntnisse der neuzeitlichen Wissenschaft von ihren Konstrukteuren ein Charakteristikum von Wissen, das lange weithin gültig war, außer Kraft gesetzt haben: nämlich Wissen als *arcanum*, als etwas Geheimes, das lediglich eine kleine Bevölkerungsgruppe als ihr Spezialwissen teilt und handhabt.

Die neuzeitliche Wissenschaft tendiert demgegenüber auf Öffentlichkeit hin; sie ist also eine Wissenschaft, die von ihrer Tendenz her demokratisch ist. Das unterscheidet sie erheblich auch von der mittelalterlichen Wissenschaftswelt als einer Wissenschaftswelt der Spezialisten, der Mönche und dann der Professoren, mit ihren spezifischen Institutionen und den entsprechenden Vermittlungszusammenhängen, in denen sie agierten. Die neuzeitliche Wissenschaft hingegen ist eine Wissenskultur, die auf Verallgemeinerung hin drängt. Unsere alltägliche Wirklichkeit ist von diesen Verallgemeinerungsprozessen geprägt.

5. Wissenschaftskultur und Wissenschaft als spezifische kulturelle Konzepte mit transkulturellem Anspruch

Wissenschaftskulturen sind also durchaus spezifisch. Dies steht freilich in einem Widerspruch zu dem Konzept von Wissenschaft selbst, das auf Universalität hin angelegt ist. Dieses Wissenschaftskonzept ist seinerseits ein spezifisch historisch herausgearbeitetes, kulturelles Konzept mit einem transkulturellen Anspruch. Wissenschaft erscheint in unserer Welt als etwas, dem schlechthin Allgemeingültigkeit zukommt. Die schlechthinnige Verallgemeinerbarkeit dessen, was in der Wissenschaft geschieht, ist einer der starken Imperative der Art, wie Wissenschaft betrieben wird. Damit zeigt sich ein besonderer Fall der Problematik, die in gegenwärtigen wissenspolitischen Auseinandersetzungen allgemein am Beispiel der „Menschenrechte" besonders eklatant manifest wird. Es handelt sich dabei um ein Rechtskonstrukt, das einen universalen Anspruch erhebt und zugleich das Ergebnis einer sehr spezifischen Entwicklung einiger einzelner Kulturen, nämlich der westlichen Kulturen der lateinisch-basierten Ökumene, ist – nicht der griechischbasierten und schon überhaupt nicht der arabisch-basierten Ökumene, von der indischen und der afrikanischen und der chinesischen Wissenswelt zu schweigen.

Auch für die Wissenschaft tritt eine sich aus spezifischen Konstellationen heraus entwickelnde Konzeption mit einem Allgemeinheitsanspruch auf – und muss für ihre Arbeit so auftreten –, der mit der Faktizität der Wissenskulturen, die sich in der Welt finden, schwer vermittelbar ist. Die Frage, wie die Welt insgesamt sich verantworten lässt, wird ja in verschiedenen Wissenskulturen sehr unterschiedlich behandelt. So ist etwa in der chinesischen Welt die Gesamtstruktur bis in die Sprachlichkeit oder genauer bis in die Schriftlichkeit hinein auf einer völlig anderen Spur entwickelt worden. Hier existiert ein Grundkonzept, dass sich gleichsam im Schriftzeichen das Wissen auskristallisiert, ein Wissen, das zugleich eine Art Brennpunkt für die Entwicklung ganzer Konzepte darstellt. Diese wurden in autorisierten Texten und von einer spezifischen Gruppe der Bevölkerung, den Mandarinen, verantwortet, die diese Texte verwalten und reproduzieren und in spezifischer Weise auch erneuern und weiterentwickeln. Dies geschieht aber stets auf der Basis der einmal gewonnenen Kristallisierungen, wie sie im Schriftzeichen niedergelegt sind. Was sich dann seit der sogenannten „Bewegung des 4. Mai" seit Beginn des 20. Jahrhunderts in Bezug auf diese chinesische Wissenswelt in China ereignet hat, ist ein hochinteressantes Fallbeispiel dafür, wie unterschiedliche Wissenskulturen miteinander in Kontakt treten (Fu 1997).

Mit der westlichen Wissenschaftskultur, der vorderorientalisch-europäischen Wissenschaftskultur, hat das relativ wenig zu tun. Das Spannungsfeld, in dem wir uns hier befinden, macht sich besonders massiv bemerkbar in Bezug auf die Situation in der südlichen Ökumene im VER, im arabischen Raum. Dort zeigt sich ein weitgehendes Auseinanderdriften von zwei Wissenschaftskulturen, einerseits der des traditionellen arabischen wissenschaftlichen Wissens, andererseits der des „westlichen" Wissens. Für ungefähr 500 bis 600 Jahre war es seit ca. 700 n. Chr. die arabische Wissenschaftswelt, welche die „Spitze der wissenschaftlichen Entwicklung" war. Für mehrere Jahrhunderte trat in der römischen Welt, der westlichen Ökumene, demgegenüber eine Phase weitgehender Stagnation ein, die sicher nicht zuletzt durch die kräftezehrenden geografischen Expansionen nach Norden und Westen mitbedingt war und für die innere Weiterentwicklung wissenschaftlichen Wissens einen Rückzug in die bloße Tradierung bedeutete. Noch Thomas von Aquin hat sich insbesondere in seiner „Summa contra gentiles" (Albert et al. 1974 ff. / 2001) massiv mit der weiter entwickelten arabischen Wissenschaft auseinandersetzen müssen.

Heute koexistiert die aus der westlichen Welt kommende Wissenschaftskultur mit dieser arabischen Wissenschaftswelt, dieser sehr reichen Tradition, die sich jetzt im Wesentlichen als Traditionalismus fortsetzt. Dies wird etwa in der Konkurrenz unterschiedlicher Universitätstypen in Kairo geradezu sinnbildhaft greifbar: einerseits die älteste Universität mit ungebrochener Kontinuität überhaupt, „al-Azhar", andererseits die „Cairo University", wo die „europäische", die westliche Wissenschaft die Schwerpunkte der universitären Arbeit bestimmt. Zwischen diesen beiden Wissenschaftswelten bestehen, wenn ich es richtig sehe, nur verhältnismäßig wenige inhaltliche, methodologische und wissenschaftstheoretische Kontakte. Beide laufen gleichsam als zwei Spuren nebeneinander her; eine hochproblematische Situation mit ihren zum Teil sehr praktischen und dramatischen Konsequenzen.

6. Wissenschaftssprachkomparatistik

Die unterschiedlichen Wissenschaftskulturen wie die unterschiedlichen Wissenskulturen und ihre jeweilige Sprachlichkeit erfordern eine eigene systematische wissenschaftliche Beschäftigung; sie erfordern eine *Wissenschaftssprachkomparatistik*.

Diese erbringt eine systematische Vergleichung dessen, was einzelne Wissenschaftskulturen leisten und in welcher Weise Sprache dabei ihre je spezifischen Anteile hat. Eine solche Wissenschaftssprachkomparatistik ist noch nicht wirklich in Gang gekommen; Bausteine dazu werden freilich hier und dort bereits entwickelt. Es bedürfte einer entsprechenden universitären Verankerung, um – in einem großen Forschungsprogramm zunächst einmal in Bezug auf die europäischen Wissenschaftskulturen – solche Vergleichungen voranzutreiben, indem man die europäischen Wissenschaftssprachen nach ihren Leistungsfähigkeiten und Grenzen untersucht. Dies wäre zugleich auch durchaus in eine Beziehung zu setzen zu dem, was etwa die arabische Wissenschaftskultur, die indische oder die chinesische ausmacht. Eine solche Wissenschaftssprachkomparatistik wäre dann auch in der Lage, eine Art argumentativer Basis für die gegenwärtig – meist freilich mit rein praktischen Erwägungen – weithin behandelte Frage zu erbringen, ob es sinnvoll, möglicherweise sogar geboten sei, einen Großteil der europäischen Wissenschaftskulturen aufzugeben in einer großen Bewegung hin zu einer einheitlichen Wissenschaftssprache, dem Englischen. Wenn man viele Repräsentanten der Naturwissenschaften hört, scheint das im Wesentlichen als eine Frage des Etikettenwandels gesehen zu werden: deutsche oder italienische Wörter usw. werden durch englische Wörter ersetzt. Dies genau ist aber nicht der Fall.

Die Forschungserfordernisse, auf die eine Wissenschaftssprachkomparatistik zu antworten hätte, scheinen mir so dringend, dass sich zunehmend die Frage aufdrängt, warum eigentlich bisher an keiner Stelle systematisch eine solche sprachwissenschaftliche Komparatistik eingerichtet worden ist. Vielleicht aber kann die immer erneute Betonung der Notwendigkeit einer derartigen Forschung schließlich doch zu Konsequenzen auch im Wissenschaftsorganisatorischen beitragen.

7. Wissenschaft in einer „Lingua franca"?

In den wissenschaftspolitischen Auseinandersetzungen wird hingegen als eine Art sprachliches Allheilmittel immer wieder der Ruf nach einer sogenannten „Lingua franca" laut, als deren Repräsentant im Allgemeinen das Englische dienen soll. Gern wird dabei argumentativ auf das Latein des mittelalterlichen Wissenschaftsbetriebes Bezug genommen und behauptet, das Latein sei eine solche „Lingua franca" der Wissenschaft im Mittelalter gewesen. Diese Charakterisierung ist einfach unzutreffend. Die „Lingua franca" im Mittelalter war eben genau – die *lingua franca* (Dakhila 2008), war die Sprache, die die Händler, wohl auch die Kreuzritter und ihr Gefolge und nachgeordneten Verwaltungsbeamten etc. im Mittelmeerraum benutzten, um nicht zuletzt in ihren unterworfenen Gebieten die dringendsten kommunikativen Bedürfnisse des täglichen Lebens einigermaßen zu bearbeiten. Das aber hatte mit Latein nichts weiter zu tun, außer dass dieses romanisch-basierte Pidgin naturgemäß eine große Reihe von lateinischen Elementen enthielt.

Die Sprache der Wissenschaft war hingegen wirklich das Lateinische – und das war alles andere als eine „Lingua franca". Es war vielmehr eine entwickelte wissenschaftliche Sprachressource, die entsprechend differenziert benutzt werden konnte und benutzt wurde.

Winfried Thielmann hat in mehreren Untersuchungen (zuletzt 2009) deutlich gemacht, wie differenziert die Erfordernisse sind, wenn wir uns über die Leistungsfähigkeit des Englischen im Vergleich mit dem Deutschen verständigen wollen. Entsprechende Untersuchungen können für das Italienische (Heller 2010), das Französische (Haase 2011), für das Russische (Breitkopf 2006), das Neugriechische (Tzilinis 2011) usw. unternommen werden; weithin stehen solche Untersuchungen aber bisher aus.

Eine „Lingua franca" hingegen ist, denke ich, per principium nicht in der Lage, als Wissenschaftskommunikationssprache zu dienen. Dies ergibt sich aus ihrem spezifischen Charakter einerseits, den Kommunikationserfordernissen der Wissenschaftskommunikation andererseits. Eine „Lingua franca" ist eine Sprache für äußerst reduzierte teleologische Zweckbereiche, um als eine Art minimales Verständigungsmittel zu dienen. Wissenschaft aber hat es nicht mit minimalen Verständigungserfordernissen zu tun, sondern mit differenzierten, in einer komplexen Rückbindung der gnoseologischen, also der wissensbezogenen Aspekte von Sprache, und ihrer spezifischen illokutiven Aspekte. Wissenschaft in einer „Lingua franca" ist also von deren Begriffsbestimmungen her selbst schon ein Unding.

8. Wissenschaftliche Mehrsprachigkeit

Demgegenüber würde es darum gehen, eine wissenschaftliche Mehrsprachigkeit zu entfalten, und dies in beständigem Austausch und Abgleich zwischen politischem, wissenschaftlichem und wissenschaftsinternem Handeln. Wissenschaftliche Mehrsprachigkeit verlangt von den Wissenschaftlerinnen und Wissenschaftlern freilich Arbeit, und zwar *Zusatz*-, nämlich Spracherwerbsarbeit. Diese Spracherwerbsarbeit ist mühsam; sie kostet eine bestimmte Fraktion der Lebenszeit, die zur Verfügung steht. Sie hat aber auch ihre eigenen Belohnungen. Sprachendidaktisch gälte es, die Belohnungen in den Vordergrund zu stellen und nicht die Mühen. Zugleich gälte es, die Mühen in einer sinnvollen Weise zu bearbeiten und zu erleichtern, indem man Sprachaneignungsstrukturen zur Verfügung stellt, die tatsächlich die Beherrschung anderer Wissenschaftssprachen in einem Umfang gestatten, der dem Wissenschaftler oder der Wissenschaftlerin auch konkret die Erfahrung ermöglicht, sich in den anderen Sprachen tatsächlich bewegen zu können. Dies gelingt nicht zuletzt durch Übung; Übung braucht Gelegenheit – und dazu muss Gelegenheit geschaffen werden. Ich denke, dies ist eine große Aufgabe für die Europäische Union (EU). Ihr bereits wieder eingestelltes Kommissariat für Mehrsprachigkeit hat in der kurzen Zeit seiner Existenz wenig dafür zustande gebracht. Jetzt ist die Frage der Mehrsprachigkeit in der EU wieder einem anderen Kommissariat untergeordnet. Wissenschaftssprachen, ihre Erforschung, ihre Vermittlung gehören nicht zu den großen Programmpunkten Europas. Europa verschläft die Chancen und Herausforderungen, die mit den offiziell proklamierten Sicherungen des europäischen kulturellen und sprachlichen Reichtums eigentlich gegeben wären. Man kann nur immer wieder, denke ich, mit Nachdruck auf die Notwendigkeit einer anderen, besseren europäischen Sprachenpolitik hinweisen und die hohe Bedeutung gerade der Wissenschaftssprachen in diesem Zusammenhang herausarbeiten. Es ist Europa, wo diese Fragen zu behandeln wären – nicht die tendenziell einsprachigen Vereinigten Staaten von Amerika oder das tendenziell einsprachige China. Dies ist nicht zuletzt eine bildungsökonomische Frage.

9. Die gesellschaftliche Verantwortung der Politik

Die neuzeitliche Wissenschaft ist eine Wissenschaft, die weithin von staatlichen Strukturen geprägt ist, die also die Verantwortung der staatlichen Gebilde für die entsprechenden Bereiche im Zentrum hat. Diese gesellschaftliche Verantwortung der Politik wird dieser in unseren Zeiten offensichtlich zunehmend lästig. Also versucht sie, die Verantwortung abzutreten an neue Institutionen und an „den Markt"; an Akkreditierungsagenturen etwa, die in der Folge sich selbst in alle möglichen Verantwortlichkeiten hineindrängen. Die staatliche Verantwortung ist auch die Verantwortung in Bezug auf die Gelder, die für das Betreiben von Wissenschaft erforderlich sind. Der Ruf nach „marktwirtschaftlichen Strukturen" stellt das in Frage und verspricht den zunehmend verschuldeten Staaten, eine Finanzlast weniger tragen zu müssen. An der aktuellen Situation in Großbritannien sind die Folgen besonders deutlich abzulesen. In der Bundesrepublik Deutschland war die bildungsökonomische Struktur – trotz aller Dauerprobleme einer lang anhaltenden Unterfinanzierung – im Vergleich zu anderen europäischen Ländern relativ gut geregelt. Dies verliert sich jetzt mehr oder minder in den Tagesentwicklungen der Politik.

Ich denke, die Wissenschaft hat allen Anlass, von der Politik die Wahrnehmung dieser Verantwortung einzuklagen. Auch für die Entwicklung einer europäischen wissenschaftsbezogenen Sprachenpolitik hat die europäische Politik eine Verantwortung. Man kann nur hoffen, dass diese Verantwortung in der Zukunft deutlicher wahrgenommen wird – trotz aller schlechten Voraussetzungen in manchen politischen, besonders konstitutionellen Rahmenbedingungen und bildungspolitisch problematischen Konsequenzen des Föderalismus mit einer sozusagen verallgemeinerten Nichtzuständigkeit verschiedenster Institutionen. Und dass sie auch entsprechende Etatisierungen findet, um Sprachvermittlungen in einem für die europäischen Wissenschaften hinreichenden Maß zu betreiben.

Literatur

Albert, Karl et al. (Hrsg.) (1974 ff. / 2001): Thomas von Aquin – Summa contra gentiles / Thomae Aquinatis Summae contra gentiles libri quattuor. 4 Bände in 5. Darmstadt: Wissenschaftliche Buchgesellschaft.

Breitkopf, Anna (2006): Wissenschaftsstile im Vergleich. Subjektivität in deutschen und russischen Zeitschriftenartikeln der Soziologie. Freiburg: Rombach.

Campenhausen, Hans von (1968): Die Entstehung der christlichen Bibel. Tübingen: Mohr.

Dakhlia, Jocelyne (2008): Lingua franca. Arles: Actes Sud.

Ehlich, Konrad (1999): Alltägliche Wissenschaftssprache. In: Info DaF 26/1, 3-24.

Ehlich, Konrad / Heller, Dorothee (Hrsg.) (2006): Die Wissenschaft und ihre Sprachen. Bern et al.: Lang.

Fichte, Johann Gottlieb (1804 / 1996): Die Wissenschaftslehre. Zweiter Vortrag im Jahre 1804. Hrsg. von Reinhard Lauth, Joachim Widmann und Peter H. Schneider. 2. Aufl. Hamburg: Meiner.

Fu, Jialing (1997): Sprache und Schrift für alle. Zur Linguistik und Soziologie der Reformprozesse im China des 20. Jahrhunderts. Frankfurt am Main et al.: Lang.

Haase, Martin (2011): Sprachplanung und Wissenschaftssprache in Frankreich. In: Glück, Helmut / Eins, Wieland / Prescher, Sabine (Hrsg.): Wissen schaffen – Wissen kommunizieren. Wissenschaftssprachen in Geschichte und Gegenwart. Wiesbaden: Harrassowitz, 67-72.

Hegel, Georg Wilhelm Friedrich (1807 / 1988) Phänomenologie des Geistes. Hrsg. von Hans-Friedrich Wessels und Heinrich Clairmont. Hamburg: Meiner.

Hegel, Georg Wilhelm Friedrich (1830 / 1959): Enzyklopädie der philosophischen Wissenschaft im Grundrisse. Hrsg. von Friedhelm Nicolin und Otto Pöggeler. 6. Aufl. Hamburg: Meiner.

Heller, Dorothee (Hrsg.) (2010) Deutsch, Italienisch und andere Wissenschaftssprachen. Schnittstellen ihrer Analyse. Frankfurt am Main et al.: Lang.

Möller, Lenelotte (2008): Die Enzyklopädie des Isidor von Sevilla. Übersetzt und mit Anmerkungen versehen von Lenelotte Möller. Wiesbaden: marixverlag.

Thielmann, Winfried (2009): Deutsche und englische Wissenschaftssprache im Vergleich. Hinführen – Verknüpfen – Benennen. Heidelberg: Synchron.

Tzilinis, Anastasia (2011): Sprachliches Handeln im neugriechischen Wissenschaftlichen Artikel. Ein Beitrag zur Komparatistik der Wissenschaftssprachen. Heidelberg: Synchron.

Sprachkompetenzen und Sprachverwendung in englischsprachigen Studiengängen an deutschen Hochschulen. Ergebnisse einer empirischen Studie

Christian Fandrych / Betina Sedlaczek (Leipzig)

1. Kontext und Zielstellungen

Der vorliegende Beitrag präsentiert die Ergebnisse einer Pilotstudie zu den Sprachverwendungserfahrungen, zum Sprachstand und zum Sprach(förder)bedarf internationaler Studierender in ganz oder dominant englischsprachigen Studiengängen an deutschen Hochschulen (ausführlicher in Fandrych / Sedlaczek 2012).[1] Das Ziel der Studie war es, einen Einblick in die reale Sprachensituation in derartigen internationalen Studiengängen zu erlangen und durch die Bewertung und Diskussion der erhobenen Daten einen Beitrag zur Diskussion um sprachliche Fördernotwendigkeiten bzw. Qualitätsmerkmale von internationalen Studiengängen zu leisten. Die Studie wurde in den Jahren 2008 und 2009 mit Unterstützung des DAAD, dem an dieser Stelle nachdrücklich gedankt wird, und der Universität Leipzig durchgeführt. Sie kann keinen Anspruch auf Repräsentativität erheben, sondern versteht sich als Pilotstudie, die helfen soll, einzelne Fragestellungen und Untersuchungsziele weiter zu präzisieren und die gefundenen Ergebnisse gegebenenfalls auf einer breiteren Basis zu überprüfen.

Im Mittelpunkt der Studie stehen die *internationalen* Studierenden derartiger postgradualer Studiengänge, daneben auch die Erfahrungen der DozentInnen sowie KoordinatorInnen, die an solchen Studiengängen maßgeblich beteiligt sind. Im Gegensatz zu Studien wie Ammon / McConnell (2002) werden Studierende deutscher Muttersprache in unserem Fall nicht erfasst. Dies begründet sich darin, dass eine besondere Motivation der vorliegenden Studie darin bestand zu

---

1 Sie werden in der Folge in diesem Beitrag auch – eigentlich unzulässig verkürzt – als „internationale" Studiengänge bezeichnet. Das Attribut „international" wird häufig – nicht nur in diesem Kontext – verwendet, um de facto englischsprachige oder dominant englischsprachige Bildungsangebote zu bezeichnen. Gegen diesen Sprachgebrauch ist einzuwenden, dass es auch viele andere Studiengänge gibt, die „international" sind, was die Teilnehmenden anbelangt; zum anderen suggeriert das Attribut „international" eine Vielfalt in kultureller und sprachlicher Hinsicht, die in der Realität durch die alleinige Nutzung des Englischen gerade nicht gegeben ist.

überprüfen, inwiefern in der Realität die Förderung internationaler Studiengänge auch zu einer Förderung des Deutschen als Wissenschaftssprache führt und so eine nachhaltige Bindung von StipendiatInnen an den deutschen Wissenschaftsraum gelingen kann (Alexander von Humboldt-Stiftung et al. 2009).

Bei der Auswahl der zu untersuchenden Studiengänge war uns wichtig, möglichst verschiedene Typen von Hochschulen (Universitäten, Technische Hochschulen, Fachhochschulen, sowie eine gewisse Streuung bei der geographischen Verteilung (neue und alte Bundesländer)) zu berücksichtigen. Dabei erwies es sich aber als eine zentrale Herausforderung, überhaupt genügend geeignete Studiengänge für eine Kooperation zu gewinnen, so dass die Wahl der verschiedenen Studiengänge und Hochschulen am Ende teils von der Kooperationswilligkeit der StudiengangskoordinatorInnen und Hochschulen abhing. Die Studie wurde vom Herder-Institut der Universität Leipzig in Verbindung mit dem Sprachenzentrum der Universität Leipzig durchgeführt.[2] Insgesamt wurden sieben deutsche Hochschulen mit je einem internationalen dominant englischsprachigen Masterprogramm untersucht.

Konkret standen dabei folgende *Forschungsfragen* im Mittelpunkt der Untersuchung: Welche Rolle(n) spielen Deutsch und Englisch in den ausgesuchten internationalen postgradualen Studiengängen? Über welchen Sprachstand verfügen internationale Studierende im Englischen und Deutschen? Welche Spracheinstellungen und -lernbiografien weisen Lehrende und Studierende internationaler Studiengänge auf? Wie sieht die sprachliche Realität von internationalen Studierenden in solchen Studiengängen aus? Wie wird die Mehrsprachigkeitskonstellation in- und außerhalb der Hochschule erfahren (DozentInnen, Studierende)? Welche Sprachlernangebote gibt es? Wie werden diese genutzt und bewertet? Welche Maßnahmen können ergriffen werden um die Sprachsituation von Studierenden und Lehrenden zu verbessern?

2. Methodisches Vorgehen

Für die Kontaktaufnahme mit in Frage kommenden Studiengängen nutzten wir die Datenbank des DAAD (http://www.daad.de/deutschland/studienangebote/international-programmes). Wichtig war neben den oben angeführten Kriterien auch, zumindest einige Studiengänge mit einzubeziehen, bei denen sprachpraktische Veranstaltungen in Deutsch als Fremdsprache ein obligatorischer Bestandteil des Studiengangs sind. So weisen die vom DAAD geförderten Studiengänge

---

2 Neben den Verfassern waren daran Erwin Tschirner, Beate Reinhold, Olaf Bärenfänger, Antje Fröhlich, Erin Boggs sowie Abigail Schnitzlein beteiligt.

an der Universität Stuttgart und an der Humboldt-Universität (HU) zu Berlin entsprechend obligatorische Sprachmodule bzw. -kurse auf. Folgende Standorte und Studiengänge konnten schließlich für die Studie gewonnen werden: Technische Universität (TU) Dresden: Tropical Forestry and Management; Universität Stuttgart: Master's Programme Infrastructure Planning, HU Berlin: Master's Programme in Economics and Management Science; TU München: International Master's Programme Land Management and Land Tenure; Universität zu Köln: International Master of Environmental Sciences; Leibniz-Universität Hannover: Master of Science in International Horticulture; Justus-Liebig-Universität Gießen: Master of Transition Studies.

In der Studie wurden drei aufeinander abgestimmte Forschungsinstrumente verwendet: der Hochschulsprachtest (HST), Online-Fragebögen sowie Leitfadeninterviews. Zunächst wurden in einem ersten Schritt *Fragebögen* für Studierende und Dozenten entwickelt (teils in Anlehnung an andere bereits durchgeführte Studien, etwa Ammon / McConnell 2002). Nach einer Pilotierung und Revision wurden diese dann mithilfe von *LimeSurvey* (http://www.limesurvey.org) online umgesetzt. Über die StudiengangskoordinatorInnen wurden die Studierenden und Lehrenden an allen Standorten kontaktiert und um Unterstützung gebeten. Die Daten wurden sodann mithilfe von *LimeSurvey* und SPSS aufbereitet und ausgewertet. Der Rücklauf war sehr zufriedenstellend: er betrug durchschnittlich zwischen 40 und 60 Prozent der Befragten. Insgesamt liegen Fragebogenergebnisse von 84 Studierenden und 58 DozentInnen vor. Zentrale Konstrukte des Fragebogens für die Studierenden waren die Sprachlernbiografie, die Selbsteinschätzung der Sprachkenntnisse im Englischen und Deutschen, die Gründe für die Wahl des Studiums, die Wahrnehmung von sprachpraktischen Angeboten vor Beginn und während des Studiums, die Situationen und Kontexte, in denen das Deutsche und das Englische verwendet werden und die dabei gesammelten Erfahrungen, sowie die Einschätzung der Sprachkenntnisse der KommilitonInnen und DozentInnen. Für letztere stand vor allem der Umgang mit dem Englischen und dem Deutschen im universitären Alltag, die Einschätzung der Sprachkompetenzen der Studierenden und der KollegInnen sowie die Einschätzung der bilingualen Studiensituation im Vordergrund.

Der Hochschulsprachtest (HST) kam nur an drei Standorten zum Einsatz, da seine Durchführung mit einem hohen organisatorischen und finanziellen Aufwand verbunden ist. Ursprünglich war geplant, an diesen drei Standorten zusätzlich auch die englische Sprachkompetenz der DozentInnen zu erheben. Dies musste allerdings aufgrund mangelnder Bereitschaft aufgegeben werden, so dass deren Englischkompetenz nur über Selbst- und Fremdeinschätzungen indirekt rekonstruiert werden kann. Dies ist sehr bedauerlich, spricht aber vielleicht auch für sich selbst. Die Sprachtests wurden vor Ort von ProjektmitarbeiterInnen durchgeführt und am Sprachenzentrum der Universität Leipzig ausgewertet.

Die semistrukturierten *Leitfadeninterviews* wurden als Instrument zur Vertiefung bestimmter Themen und Fragestellungen, die auch schon in den Fragebögen angesprochen wurden, entwickelt. Hier standen insbesondere die Sprachverwendungserfahrung und die Erfahrungen mit den sprachpraktischen Angeboten bzw. der Bedarf und das Interesse an entsprechenden Angeboten im Vordergrund. Insgesamt wurden 27 Studierende und 10 DozentInnen – verteilt auf alle Standorte – interviewt. Die Interviews wurden im Anschluss vollständig transkribiert und mithilfe der qualitativen Inhaltsanalyse nach verschiedenen Gesichtspunkten ausgewertet.

Der HST, der zwischen 2006 und 2008 an der Universität Leipzig in Zusammenarbeit mit dem Bildungsportal Sachsen entwickelt worden ist (http://hochschulsprachtest.de), erlaubt es, die vier Fertigkeiten sowie den Wortschatzstand für verschiedene Sprachen – u. a. auch für das Englische und Deutsche – webbasiert zu testen, was eine hohe Vergleichbarkeit der Testergebnisse erlaubt. Der Einsatz des HST wurde wesentlich vom Sprachenzentrum der Universität Leipzig unterstützt.[3] Ziel der Studie war es, an drei ausgewählten Standorten eine möglichst große Anzahl an Studierenden zu testen, wobei der zeitliche und organisatorische Aufwand beträchtlich war. Dies führte dazu, dass nicht alle befragten Studierenden an den drei Standorten am HST teilnahmen. Für das Deutsche wurde auf den Niveaustufen B1 / B2, für das Englische auf den Niveaustufen B2 / C1 getestet, da wir davon ausgegangen waren, dass aufgrund der Eingangsvoraussetzungen der Studiengänge alle Studierenden zumindest über B2-Kenntnisse im Englischen verfügen würden, während die Deutschkenntnisse auf einem niedrigerem Niveau angesiedelt sein würden. Insgesamt wurden HST-Ergebnisse von 48 Studierenden ausgewertet, allerdings nahmen nicht alle Studierenden an allen Testteilen teil. Im Folgenden gehen wir zunächst auf die Ergebnisse der Online-Fragebögen sowie der semistrukturierten Leitfadeninterviews ein.

3. Ausgewählte Ergebnisse der Untersuchung für Studierende

Die Herkunft der Studierenden, die an der Fragebogenstudie teilgenommen haben, ist recht heterogen, jedoch lässt sich erkennen, dass der Großteil der Herkunftsländer in Afrika (bspw. Äthiopien, Kenia, Ghana, Ägypten) und Asien (bspw. Nepal, VR China, Myanmar) liegt. Auch wird deutlich, dass nur wenige der befragten Studierenden englische Muttersprachler sind: Ihr Anteil liegt bei

---

3 Unser Dank gilt hier insbesondere Olaf Bärenfänger und Erwin Tschirner.

15,5 Prozent der Studierenden. Davon stammen drei Personen aus den USA, drei Personen aus Ghana, drei Personen aus Kenia, zwei Personen aus Kamerun und eine Person jeweils aus Jamaika und Nigeria. Der hohe Anteil von Studierenden aus unterschiedlichen Ländern legt daher nahe, dass das Interesse an den untersuchten Studiengängen in Schwellen- und Entwicklungsländern besonders hoch zu sein scheint. Ein erster Schwerpunkt des Fragebogens – neben den Fragen zur Sprachlernbiografie und den allgemeinen Einschätzungen der Sprachfähigkeiten in Deutsch und Englisch – waren die Beweggründe und die Motivation der Studierenden für ein Studium in Deutschland. Tabelle 1 verdeutlicht die Gründe, warum die Studierenden ein Studium in Deutschland beginnen wollen:

Tabelle 1: Gründe für ein Studium in Deutschland (N=83, Angabe in Nennungen, Mehrfachantworten)

Gründe für ein Studium in Deutschland	Häufigkeit
weil mich das Studienangebot fachlich anspricht	73
weil deutsche Hochschulen international allgemein einen guten Ruf haben	68
weil ich im Rahmen dieses Studiums die Möglichkeit habe, Deutsch zu lernen	42
weil es in Deutschland keine / nur geringe Studiengebühren gibt	36
um meine Kenntnisse und Fähigkeiten in der englischen Sprache zu verbessern	35
um meine Kenntnisse und Fähigkeiten in der deutschen Sprache zu verbessern	32
um später in einem deutschsprachigen Land arbeiten zu können	27

Die Tabelle zeigt, dass die Studierenden als Hauptgründe für ein Studium in Deutschland das Studienangebot und den Ruf deutscher Hochschulen angeben (73 bzw. 68 Nennungen jeweils). Außerdem wird von immerhin 42 Studierenden als ein Motiv für das Studium in Deutschland auch das Erlernen der deutschen Sprache, von 32 Studierenden die Verbesserung ihrer Deutschkenntnisse angegeben. 36 Personen nennen die nicht vorhandenen bzw. geringen Studiengebühren, 35 erhoffen sich die Verbesserung ihrer Kenntnisse und Fähigkeiten in der englischen Sprache, berufliche Perspektiven in Deutschland nennen nur 27. Auch wenn die Angabe von Gründen sicherlich mit großer Vorsicht zu interpretieren ist, wird doch deutlich, dass durchaus ein substanzielles Interesse an Deutsch besteht, auch wenn dies wohl nicht das wichtigste Motiv für ein Studium in Deutschland ist. Dieser Eindruck wird durch die Interviews nachdrücklich bestätigt. Er steht jedoch im völligen Gegensatz zu den Deutschförderangeboten an den untersuchten Hochschulen, die meist nicht auf das Studienangebot abgestimmt sind und von den Studierenden nur als wenig hilfreich erachtet wurden (vgl. unten).

Dass Kenntnisse in der deutschen Sprache von den Hochschulen nicht hoch angesetzt werden, zeigt sich auch daran, dass Deutsch bei keinem der in der Studie untersuchten Studiengänge als Zugangsvoraussetzung eine Rolle spielte. Lediglich für DAAD-Stipendiaten war die Teilnahme an einem zweimonatigen Kurs im Vorfeld obligatorisch. Dies wird deutlich, wenn man sich die Antworten der Studierenden auf die Frage ansieht, ob ein Sprachtest für Deutsch als Eingangsvoraussetzung oder bei Abschluss des Studiums vonnöten sei: Die überwiegende Mehrheit verneinte dies (70 Nennungen), nur zehn Studierende nannten verschiedene Sprachtests. Die Studierenden hatten neben den vorgegebenen Sprachtests die Möglichkeit unter „Sonstiges" einen Sprachtest für Deutsch zu ergänzen, ihre Antworten wurden im Original übernommen.

Tabelle 2: Mussten bzw. müssen Sie deutsche Sprachtests für Ihren Studiengang nachweisen? Wenn ja, welche deutschen Sprachtests mussten bzw. müssen Sie nachweisen? (N=80, Angaben in Nennungen, Mehrfachnennungen möglich, aber nicht genutzt)

Sprachtest für Deutsch		Häufigkeit
Nein		70
Ja	Start Deutsch 2	4
	Zertifikat Deutsch (ZD)	1
	Deutsches Sprachdiplom (DSD) Stufe II	1
	TestDaF – Test Deutsch als Fremdsprache	1
	Deutsche Sprachprüfung für den Hochschulzugang (DSH)	1
	Zentrale Oberstufenprüfung (ZOP)	1
	B2.2 an der HU Berlin	1
Gesamt		**80**

Lediglich bei zwei der untersuchten Studiengänge (an der HU Berlin und an der Universität Stuttgart) waren zum Untersuchungszeitpunkt Deutschkurse obligatorischer Bestandteil des Studienplans. Im Fall von Berlin mussten bis zum Studienabschluss Deutschkenntnisse auf Mittelstufenniveau nachgewiesen werden (ZMP / ZOP / DSH oder Äquivalent). An der Universität Stuttgart war hingegen ein zweisemestriger Deutschkurs obligatorische Voraussetzung für das Bestehen des Masterprogramms, dessen Ergebnisse jedoch nicht in die Endnote eingingen.

Im Gegensatz dazu waren Kenntnisse der englischen Sprache für alle Studierenden aus nicht-englischsprachigen Ländern auf den Niveaustufen B2 / C1 als Zugangsvoraussetzung nachzuweisen (Berlin: IELTS: band 6,5; TOEFL: 560/230/89; für alle übrigen Studiengänge IELTS: band 6; TOEFL: 550/213/79).

Den Ergebnissen des Fragebogens ist jedoch zu entnehmen, dass insgesamt 47 (58,8 Prozent) Studierende keinen Sprachtest als Eingangsvoraussetzung erbringen mussten, wie Tabelle 3 zeigt. Dies kann zum einen darin begründet sein, dass ein englischsprachiger Bachelorabschluss als Ersatz anerkannt wird (wie das laut Soltau 2008 häufiger der Fall ist), oder dass bei Herkunft aus Ländern, in denen die Amtssprache Englisch ist (bspw. Kamerun, Kenia, Ghana), kein Sprachtest gefordert wird.

Tabelle 3: Mussten Sie bzw. müssen Sie englische Sprachtests für Ihren Studiengang vorweisen? (N=80, Angaben in Nennungen)

Sprachtest für Englisch als Eingangsvoraussetzung	N
Ja	33
Nein	47
Gesamt	**80**

Von den 33 Personen, die einen Sprachtest nachweisen mussten, scheinen TOEFL und IELTS bei weitem die häufigsten Sprachtests zu sein. Insgesamt wird jedoch deutlich, dass die Zulassungsvoraussetzungen uneinheitlich sind, was die Ergebnisse von Soltau (2008) bestätigt:

Tabelle 4: Welche englischen Sprachtests mussten bzw. müssen Sie nachweisen? (N=33, Angaben in Nennungen, Mehrfachnennungen möglich)

Art des Sprachtests für Englisch als Eingangsvoraussetzung	Häufigkeit
Test of English as a Foreign Language (TOEFL)	25
The International English Language Testing System (IELTS)	11
Certificate in Advanced English (CAE)	1
Certificate of Proficiency in English (CPE)	1
Test of English for International Communication TM (TOEIC)	1

4. Ergebnisse des Hochschulsprachtests

Der HST diente in der vorliegenden Studie als Instrument für die Überprüfung der Fremdsprachenkompetenz der internationalen Studierenden in den Sprachen Deutsch und Englisch. Er wurde gemäß den Leistungsdeskriptoren des Gemeinsamen europäischen Referenzrahmens entwickelt. Für die vorliegende Studie wurden an drei Standorten jeweils für beide Sprachen die Kompetenzen zum

Wortschatz und in den vier Fertigkeiten der Studierenden erfasst. Dabei handelte es sich um 20 Studierende des internationalen Studiengangs „Master's Programme in Economics and Management Science (MEMS) der HU zu Berlin, 18 Studierende des Studiengangs „Tropical Forestry and Management" der TU Dresden und 10 Studierende des „Master's Programme Infrastructure Planning (MIP)" der Universität Stuttgart. Diese befanden sich zum Messzeitpunkt am Ende des ersten Semesters des jeweiligen Studienprogramms. Testteil (1) überprüfte den produktiven und rezeptiven Wortschatz und die Fertigkeiten Lesen und Schreiben, Testteil (2) die Fertigkeit Hören, Testteil (3) die Fertigkeit des freien Sprechens der Teilnehmer. Unser Ziel war es, eine möglichst große Anzahl von Studierenden an den drei Standorten (Berlin, Dresden und Stuttgart) für den Sprachtest zu gewinnen.

4.1 Deutsch

Für Deutsch wurde der Test auf den Niveaustufen B1 / B2 durchgeführt, da zwei der an der Studie teilnehmenden Universitäten, namentlich die Humboldt-Universität zu Berlin und die Universität Stuttgart, den Nachweis von Deutschkenntnissen bei Studienabschluss verlangten. Die Ergebnisse in den Tabellen 5 und 6 verdeutlichen die Niveauzuordnungen für die *produktiven* Fertigkeiten, d. h. Tabelle 5 beinhaltet den produktiven Wortschatz und Sprechen und Tabelle 6 die Fertigkeit Schreiben.

Tabelle 5: Deutsch: produktiver Wortschatz und Sprechen
  (Angaben in Nennungen)

	nicht B1	B1	B2	Gesamt
produktiver Wortschatz	42	1	1	44
Sprechen	11	3	1	15

Tabelle 6: Deutsch: Schreiben (Angaben in Nennungen)

	< B1	B1	<B2	B2	C1	Gesamt
Schreiben	8	2	28	2	2	42

Die unterschiedlichen Stichprobengrößen in den einzelnen Testsequenzen sind auf die Freiwilligkeit der Teilnahme zurückzuführen. So waren nicht alle Probanden aus zeitlichen sowie aus Gründen der Selbsteinschätzung bereit, den HST in seiner Gesamtheit zu bearbeiten (dies betraf insbesondere die Teilfertigkeit

Sprechen). Daneben kam es bei der Teilfertigkeit Sprechen teilweise zu technischen Problemen – bei einigen Aufnahmen war die Tonqualität schlecht –, was die Gesamtzahl ebenfalls etwas reduzierte. Trotzdem lassen sich deutliche Tendenzen erkennen: Das Niveau B1 im produktiven Wortschatz wurde von 95,5 Prozent der Studierenden nicht erreicht. Jeweils eine Person erlangte das B1- bzw. B2-Niveau. Im freien *Sprechen* verfügten elf Personen nicht über das Niveau B1 (davon erreichten drei Personen A1 und sieben Personen A2, dies wird in Tabelle 5 nicht weiter ausdifferenziert). Drei Personen erreichten B1 und eine Person B2. Aufgrund der geringen Stichprobengröße (n=15) können die Ergebnisse zur Sprechfertigkeit jedoch nicht als eine eindeutige Tendenz erachtet werden.

Die Ergebnisse des Testteils *Schreiben* sind aufgrund eines höher gewählten Testkonstrukts (Niveau B2 / C1) präziser zu bestimmen, weshalb die Ergebnisse in einer separaten Tabelle 6 verzeichnet sind. 90,5 Prozent erreichten im Testteil Schreiben nicht das Niveau B2. Die Angabe „nicht B2" lässt sich leider lediglich für eine geringe Anzahl Studierende präzisieren bzw. einer bestimmten Niveaustufe zuordnen, da dies vom gewählten Testkonstrukt bei zwei Testdurchführungen nicht erfasst werden konnte. Bei einer weiteren Testdurchführung zu einem späteren Zeitpunkt wurde dieser Fehler behoben, weshalb für zwei Personen das Niveau B1 nachgewiesen werden konnte und für acht Personen bei der Fertigkeit Schreiben „nicht B1" festgestellt werden konnte. Keiner der Studierenden erreichte durchweg für die produktiven Fertigkeiten ein B2-Niveau. Dies spricht deutlich dafür, dass eine stärkere Förderung der deutschen Sprache von großer Wichtigkeit wäre, wenn die Studierenden eine angemessene alltagssprachliche produktive Kompetenz und eine rezeptive Grundkompetenz im Wissenschaftsdeutschen erreichen sollen.

Mit Blick auf die *rezeptiven* Fertigkeiten Lesen und Hören und den rezeptiven Wortschatz (s. u.) ergab die Testdurchführung, dass 93 Prozent (41 Personen) der Teilnehmer nicht das Niveau B1 im rezeptiven Wortschatz erreichten (davon erreichten drei Personen das Niveau A2 und 38 Personen lagen unter dem Niveau A2). Lediglich drei Studierende konnten ein B2-Niveau vorweisen. Im Lesen verfügen lediglich sechs Personen über Kenntnisse auf dem Mittelstufenniveau B1, während für die Fertigkeit Hören 26,3 Prozent (zehn Personen) das Niveau B1 und 10,5 Prozent (vier Personen) das Niveau B2 erlangten. Insgesamt wird deutlich, dass ein Großteil der Teilnehmer unterhalb des Niveaus B1 liegt und somit allenfalls ein Grundstufenniveau vorweisen kann.

Tabelle 7: Deutsch: Rezeptive Fertigkeiten (Angaben in Nennungen)

	nicht B1	B1	B2	Gesamt
rezeptiver Wortschatz	41	0	3	44
Lesen	38	6	0	44
Hören	24	10	4	38

4.2 Englisch

Für das Englische kann man davon ausgehen, dass die Niveaustufe B2 den zentralen Richtwert darstellt, da sie Zugangsvoraussetzung für alle von der vorliegenden Studie untersuchten Studiengänge ist. Welches Bild zeigt sich nun bei der Überprüfung des Sprachniveaus durch den HST? Wir präsentieren die Ergebnisse wiederum getrennt nach produktiven und rezeptiven Fertigkeiten. Im Bereich der Wortschatzkompetenz wiesen lediglich 21,3 Prozent (10 Personen) im produktiven Bereich die geforderte Niveaustufe B2 auf (s. u.). Von den 78,7 Prozent (37 Personen) der Studierenden, die nicht das Niveau B2 oder C1 erreichten, erlangten lediglich neun Studierende das Niveau B1 und 28 Personen lagen unterhalb von Niveau B1 (dies ist in Tabelle 8 nicht eigens ausdifferenziert). Die Ergebnisse zur Fertigkeit Schreiben fielen besser aus: 57,4 Prozent (27 Personen) der Studierenden erreichten Niveaustufe B2 und 27,7 Prozent (13 Personen) Niveaustufe C1. Demnach erfüllten im Schreiben 85,1 Prozent der Teilnehmer das geforderte Niveau B2 oder C1. Gemischter ist das Bild bei der Fertigkeit Sprechen: Hier wiesen 39,3 Prozent der Probanden (elf Personen) das Niveau B2 bzw. C1 auf, allerdings erreichten 60,7 Prozent der Probanden (17 Studierende) im Sprechen nicht das Niveau B2. Dies lässt sich weiter dahingehend präzisieren, dass elf dieser letzten Gruppe von Studierenden B1 sowie sechs Teilnehmer A2 erreichten (diese Ausdifferenzierung wird in Tabelle 8 nicht dargestellt). Lediglich eine Person erzielt im Wortschatz und für die Fertigkeit Sprechen ein Ergebnis auf Niveau B2 und im Testteil Schreiben das Niveau C1. Keine der übrigen Personen konnte durchgängig das geforderte B2-Niveau für die einzelnen Fertigkeiten erreichen.

Tabelle 8: Englisch: Produktive Fertigkeiten (Angaben in Nennungen)

	nicht B2	B2	C1	Gesamt
produktiver Wortschatz	37	10	0	47
Schreiben	7	27	13	47
Sprechen	17	9	2	28

Abschließend gibt Tabelle 9 eine Zusammenschau der Ergebnisse für die rezeptiven Fertigkeiten im Englischen dar. Beim rezeptiven Wortschatz konnten 74,5 Prozent (35 Personen) das geforderte B2-Niveau vorweisen, 25,5 Prozent (12 Personen) erreichten nur ein Niveau unterhalb von B2 (davon waren sieben Studierende bzw. 18,4 Prozent der Testteilnehmer unterhalb des Niveaus A2 anzusiedeln, zwei Personen erreichten das Niveau A2 und drei Studierende B1). Dies ist für den rezeptiven Wortschatz erschreckend und stellt die sprachliche Studierfähigkeit einiger Probanden deutlich in Frage. Mit Blick auf die rezeptiven Fertigkeiten ergibt die Testdurchführung, dass im Lesen auch nur drei Fünftel der Testteilnehmer über Kenntnisse auf B2 verfügte, während beim Hören mit 71,1 Prozent (32 Personen) eine deutlichere Mehrheit Ergebnisse auf Niveau B2 und 8,8 Prozent (vier Personen) auf Niveau C1 erreichen konnten. Insgesamt konnten allerdings nur zwölf Teilnehmer für alle rezeptiven Fertigkeiten ein B2-Niveau erzielen. Es sind demnach bei den internationalen Studierenden nicht nur gravierende Schwierigkeiten im Deutschen, sondern auch sehr besorgniserregende Defizite im Englischen zu verzeichnen.

Tabelle 9: Englisch: Rezeptive Fertigkeiten (Angaben in Nennungen)

	nicht B2	B2	C1	Gesamt
rezeptiver Wortschatz	12	35	0	47
Lesen	16	24	0	40
Hören	9	32	0	45

Die Ergebnisse des HST stehen zum Teil stark im Kontrast zu den positiven Selbsteinschätzungen der Lerner bezüglich der eigenen Englischkenntnisse, die den Ergebnissen des Fragebogens zu entnehmen sind.

Da die Sprachtestergebnisse durch die Fragebogenergebnisse gut ergänzt werden und sich teils auch präzisieren lassen, werden diese nun in den folgenden Abschnitten näher fokussiert. Ein Schwerpunkt des Fragebogens galt der Sprachverwendung bezüglich des Englischen und Deutschen im inner- und außeruniversitären Kontext. Tabelle 10 verdeutlicht zunächst die sprachlichen Schwierigkeiten der Studierenden im Deutschen. Insgesamt 77 Personen beantworteten die Frage, wobei Mehrfachantworten möglich waren. Die ursprünglichen vier Antwortmöglichkeiten („trifft voll und ganz zu", „trifft zu", „trifft teilweise zu", „trifft nicht zu") wurden zusammengefasst zu „trifft zu" (= „trifft zu" + „trifft voll und ganz zu") vs. „trifft nicht zu" (= „trifft nicht zu" + „trifft teilweise zu"). Wenn man davon ausgeht, dass die Bewertung „trifft teilweise zu" zumindest keine vollkommene Negation der Aussage darstellt, kann man statistisch davon ausgehen, dass die Tendenzen noch deutlicher sind, als dies in der Tabelle aufscheint, dass also die Studierenden eklatante Schwierigkeiten mit der deutschen Sprache haben: 79,2 Prozent der Studierenden (N=77) hatten Schwierigkeiten bei der Lektüre von Fachliteratur, 61,8 Prozent (N=76) hatten sprachliche Schwierigkeiten bei der Organisation ihres Studienalltags, 60,5 Prozent (N=76) bei der Kommunikation auf Deutsch im privaten Bereich sowie 53,9 Prozent (N=76) bei der Organisation des Alltagslebens, etwa bei Behördengängen oder Abschluss eines

Mietvertrages). Dies zeigt, dass die sprachlichen Schwierigkeiten die Bewältigung des Alltags stark beeinträchtigen (vgl. auch Gnutzmann / Lipski-Buchholz 2008, 157).

Tabelle 10: Sprachliche Schwierigkeiten im Deutschen (Angabe in Nennungen, Mehrfachantworten möglich)

Sprachliche Schwierigkeiten im Deutschen	Häufigkeit	N
bei Lektüre von Fachliteratur auf Deutsch	61	77
bei der Organisation meines Studiums (z. B. im Studentensekretariat, in der Bibliothek)	47	76
bei der Kommunikation auf Deutsch mit privaten Kontaktpersonen	46	76
bei der Organisation meines Alltagslebens (z. B. Meldebehörde, Mietvertrag)	41	76

Da die Studiengänge vorwiegend oder vollständig auf Englisch angeboten werden, stellt sich die Frage, welche Rolle das Deutsche etwa bei der Lektüre von Fachliteratur spielt und ob es hier zu Schwierigkeiten kommt. Die Ergebnisse unserer Studie zeigen, dass in den verschiedenen Studiengängen auch deutschsprachige Anteile vorhanden sind, bei deren Bewältigung Schwierigkeiten auftreten. Die Notwendigkeit, zumindest rezeptive Kompetenzen zu besitzen, wird zudem durch die Aussagen, die in den qualitativ ausgerichteten Telefoninterviews von den Studierenden gemacht wurden, bestätigt. Diese geben einen detaillierten Einblick in die Sprachrealität der Studierenden, wie dem folgenden Zitat aus einem Telefoninterview mit einem/r Studierenden zu entnehmen ist: „And if I go to library, there may be 25 per cent or 30 per cent literature in English, and maybe, 60 per cent, 70 per cent of literature available in German, and when I study here, I can use only, how say, 25 per cent of library. [...] Another part, that's future contacts with Germany. I think I learn and I will keep for the future [...] there are a lot of things I can get if I will improve scope of my language. Shouldn't be only English, I think." (D_13S)

Der/die Studierende bemängelt, dass er/sie wegen unzureichender Deutschkenntnisse nur ein Viertel der Literatur in der Bibliothek nutzen kann. Des Weiteren möchte die Person nicht nur die eigenen Englischkenntnisse, sondern auch die Deutschkenntnisse verbessern, da er/sie sich eine langfristige beruflich-fachliche Verbindung zu Deutschland erhofft. Dies bestätigt nachdrücklich die Ergebnisse von Schumann (2008, 37 f.), die in ihrer Untersuchung feststellt, dass neben fehlenden Deutschkenntnissen im Studium und im Alltag auch kommunikativ-kulturelle Schwierigkeiten auftreten und die Sprachlernangebote unzureichend sind.

Vor diesem Hintergrund ist es interessant, näher nach der im Studium erfahrenen Sprachförderung für das Deutsche zu fragen. 61 Prozent der internationalen

Studierenden besuchte zum Zeitpunkt der Befragung einen Deutschkurs; ernüchternd war aber, dass von diesen Studierenden über die Hälfte den besuchten Deutschkurs als „nicht hilfreich" einschätzte, wobei die Gründe hierfür unterschiedlich waren, wie die Telefoninterviews zeigen. Insgesamt scheinen die Deutschlernangebote viel zu wenig passgenau zu sein und auch zeitlich mit dem Studienangebot nicht abgestimmt zu sein: „The [German] courses could be better. [...] I would say that they're like slow, for me." (D_14S)

Daneben stellt sich die Frage, warum knapp 40 Prozent der Studierenden *keinen* Deutschkurs besuchen. Der wichtigste Grund besteht im Zeitdruck und der fehlenden Integration der Deutschlernangebote in den Studiengang: „We are really constrained with time here. And I wanted to take extra German lessons, but my load in school wouldn't allow me now, because it's really very stressful now, so we can't learn German anymore." (F_09S)

Weiterhin wurde im Fragebogen ein Schwerpunkt auf die Sprachverwendung des *Englischen* gelegt. Aus den Antworten auf die Frage, wie viele Studierende im vorausgehenden Semester einen Englischkurs besuchten, ging hervor, dass gerade einmal neun von 80 Personen ein englisches Kursangebot nutzen. Dies zeigt, dass ein sehr geringer Teil der Studierenden Englischkurse besucht, obwohl die Ergebnisse aus dem Sprachtest illustrieren, dass hier durchaus Bedarf bestünde. Die Richtigkeit dieser Einschätzung zeigte sich ebenfalls plastisch in den durchgeführten Telefoninterviews: „Yeah, it's a challenge, because we have mates who can't really speak the English well, but I will say my class, we are very supportive of each other. [...] [Y]ou know what the person is trying to say. You could express it to the lecturer, ‚Oh, this is what he means, this is what he's trying to say.' So, it's not really bad." (F_10S)

Auch wenn die Testergebnisse für das Englische besser ausfallen, verdeutlicht diese Aussage, dass die Studierenden sich zwar zu behelfen wissen, aber Schwierigkeiten auch im Englischen zu verzeichnen sind, was wiederum durch die Ergebnisse des HST verifiziert wird.

5. Ausgewählte Ergebnisse der Untersuchung für DozentInnen

Die Bandbreite der Herkunftsländer der Dozenten ist deutlich geringer. Von den 58 befragten Dozenten haben 13 eine andere Muttersprache als das Deutsche und lediglich drei sind englische Muttersprachler. Was die englischen Sprachkompetenzen der Lehrenden anbetrifft, stellte sich uns die Frage, wie diese von ihnen selbst und von den Studierenden eingeschätzt werden, und inwiefern die DozentInnen

Fördermöglichkeiten zur Verbesserung ihrer Englischkompetenz nutzen bzw. solche Fördermöglichkeiten an den Hochschulstandorten überhaupt angeboten werden. Zunächst gilt es hervorzuheben, dass die englischen Sprachkompetenzen der Dozenten von zehn der zwölf befragten Studierenden in den Telefoninterviews insgesamt als zufriedenstellend bewertet wurden. Dies relativiert sich aber etwas, wenn man die Selbsteinschätzung und den Bedarf an sprachlicher Förderung auf Seiten der Lehrenden betrachtet: Bei der Frage nach der eigenen Einschätzung der Sprachkompetenz sahen nur 17 (29,8 Prozent) der 57 befragten DozentInnen keinen Verbesserungsbedarf, wie den Ergebnissen in Tabelle 11 zu entnehmen ist. Des Weiteren würden, sofern angeboten, 26 (45,6 Prozent) Personen einen Sprachkurs im Wissenschaftsenglischen besuchen und das Korrekturlesen von wissenschaftlichen bzw. akademischen Texten in Anspruch nehmen. Zusätzlich würden 23 (40,4 Prozent) Teilnehmer einen Kurs für wissenschaftliches Schreiben in der Fremdsprache besuchen und elf (19,3 Prozent) Personen würden Übersetzungsdienste nutzen.

Tabelle 11: Sprachförderangebote für DozentInnen (N=57, Angabe in Nennungen, Mehrfachantworten möglich)

Sprachförderangebote	Häufigkeit
Sprachkurse für Wissenschaftssprache	26
Korrekturlesen von wissenschaftlichen / administrativen Texten	26
Kurs für wissenschaftliches Schreiben in der Fremdsprache	23
Übersetzungsdienste	11
Keines	17

Dieses Ergebnis kann durch die Telefoninterviews sowohl aus der Perspektive der Studierenden als auch aus der Dozentenperspektive präzisiert und illustriert werden. Zunächst verdeutlichen die folgenden Äußerungen typische Meinungen der Studierenden: „[S]ome of the [teaching staff] are not that good [in English]. That's why sometimes they even switch into German during the lecture. And when you're in the first semester and you don't know anything about German language, I mean, it's quite annoying." (D_14S) „For professors, I have no complaint [about their English ability]. They are really really helpful." (B_11S)

Aus der Perspektive der Dozenten zeigt sich ebenfalls, dass in Lehrveranstaltungen teilweise durchaus Schwierigkeiten auf Dozentenseite auftreten können, wie folgende Aussagen aus einem Telefoninterview verdeutlichen: „Dazu muss man natürlich auch sagen, das ist die andere Seite der Medaille, dass es natürlich auch 'ne ganze Reihe auch gerade der älteren Dozenten gibt, die [...] deutschen

Dozenten gibt, die auch Probleme haben. Also der eine oder andere fühlt sich da nicht so sicher [...] Ich möchte mal annehmen, dass unter den 30 Dozenten hier in [nennt Fach], unter denen ja auch einige Fremdsprachige sind, also englischsprachig sind, dass das vielleicht fünf, sechs betrifft." (A_03D)

Ungefähr 20 Prozent der in der Lehre tätigen DozentInnen fühlen sich nach Aussage des / der Befragten unsicher. Es ist demnach auch auf Seiten der Lehrenden festzuhalten, dass man keinesfalls davon ausgehen kann, dass die Lehre auf Englisch problemlos funktioniert – im Gegenteil, man darf davon ausgehen, dass dieses Bild durch eine Überprüfung mithilfe von Sprachtests noch wesentlich prägnanter hervortreten würde (vgl. ähnlich Gnutzmann / Bruns 2008, 16; Wilkinson 2008, 175 f.). Man kann nur darüber spekulieren, was dies für die Qualität von Lehre und Studium für alle Beteiligten bedeutet.

6. Fazit

Bei aller Vorsicht lassen die vorliegenden Daten doch einige deutliche Tendenzen erkennen, und vieles deutet darauf hin, dass unsere Befunde keine Einzelergebnisse darstellen. Die vorliegende Studie hat den Vorteil, dass sie verschiedene Perspektiven (Studierende, Lehrende / Koordinatoren) und verschiedene Instrumente (Fragebogendaten, semistrukturierte Leitfadeninterviews, Daten aus Sprachstandstests) miteinander kombiniert und so ein recht dichtes Bild der Sprachverwendung, des Sprachbedarfs und der realen Sprachkompetenzen vor allem der internationalen Studierenden bereitstellt. Wünschenswert wäre eine Ergänzung durch Aufnahmen und Analysen realer Sprachverwendung, etwa in Form von Seminar- und Vorlesungsmitschnitten, Sprechstunden- oder Beratungsgesprächen, um die Selbsteinschätzung und Reflexion mithilfe diskursanalytischer Ansätze überprüfen zu können.

Zusammenfassend lassen sich die Ergebnisse der vorliegenden Studie folgendermaßen skizzieren: In allen von uns untersuchten Studiengängen wird ein erschreckendes Ausblenden von Sprache und Sprachlichkeit deutlich. Dies betrifft sowohl das Englische als auch das Deutsche, und es betrifft Studierende, Lehrende und auch weitere am Studiengang beteiligte Akteure. Konkret äußert sich dieses Ausblenden unter anderem in den folgenden Bereichen:

1. Es herrscht eine große Uneinheitlichkeit bezüglich der Anforderungen an das Sprachniveau und die entsprechenden Nachweise über die Sprachkompetenz, die für die Zulassung zum jeweiligen Studiengang erforderlich ist; hier bestätigt sich das Bild, das Soltau (2008) für das Englische bereits skizziert hat.

2. Die Studierenden weisen uneinheitliche, insgesamt aber sehr unbefriedigende Englischkenntnisse auf. Die Sprachkenntnisse liegen teils deutlich unter den offiziell geforderten Eingangsniveaus.
3. Gleichzeitig fehlt ein übergreifendes Sprachförderungskonzept für die Studierenden. Seitens der Hochschulen scheint man von einer problemlosen Englischkompetenz der Studierenden auszugehen (was im Widerspruch zu den vorliegenden Ergebnissen der Sprachtests steht). Wo der Erwerb von Deutschkenntnissen als (Teil-)Ziel des Studiengangs benannt wird, ist häufig unklar, wie dieses Ziel erreicht werden soll. Studienvorbereitende und -begleitende Deutschlernangebote sind teils gar nicht vorhanden, teils sind sie unzureichend in die Studiengänge integriert, wenig auf die Zielgruppe hin orientiert und in ihren Zielsetzungen diffus. Selbst in Institutionen, die Sprachlernangebote zum integralen Bestandteil des Studiengangs machen, scheinen diese unzureichend auf die Bedürfnisse der Studierenden abgestimmt und zu wenig in die Studiengänge integriert zu sein.
4. Auch bei den Lehrenden wird (zu Unrecht) vorausgesetzt, dass für sie die Verwendung des Englischen in der Wissenschaftskommunikation weitgehend problemlos sei. In den hier untersuchten Studiengängen äußert aber ein beträchtlicher Teil der befragten Lehrenden ein Bedürfnis nach spezifischer Sprachförderung bzw. -unterstützung im Wissenschaftsenglischen. Dem wird, soweit wir sehen, von den Hochschulen bisher nicht Rechnung getragen.

Die Untersuchungsergebnisse legen nahe, dass vielfach unter dem Druck einer schnellen Internationalisierung davon ausgegangen wurde, dass eine Umstellung auf das Englische als Sprache der Lehre das Sprachproblem an sich lösen werde – in der Annahme, dass die DozentInnen ohnehin durch ihre internationale Ausrichtung mit dem Englischen als Sprache der Lehre und allgemein der Wissenschaftskommunikation keine Probleme haben würden und dass internationale Studierende des Englischen schon in angemessener Weise mächtig sein würden. Ein kurzer Blick auf die Situation in den besonders von internationalen Studierenden frequentierten Studiengängen in den englischsprachigen Ländern hätte hier einen heilsamen Effekt gehabt.

Zusätzlich wurde offenbar davon ausgegangen, dass die Studierenden mit studienbegleitenden allgemeinsprachlichen Kursen in die Lage versetzt würden, ihren Alltag außerhalb der Universität auf Deutsch zu bewältigen. Keine dieser Annahmen konnte in der vorliegenden Studie erhärtet werden. Die Deutschkenntnisse der Studierenden sind für den Lebensalltag meist vollkommen unzureichend; auf das Fach bezogene Deutschkenntnisse werden kaum gefördert und sind überwiegend nicht vorhanden (vgl. ähnlich auch Ammon 2005, 81). Dies steht in eklatantem Widerspruch zu den Bedürfnissen und Interessen, wie sie von den Studierenden in unserer Studie geäußert wurden: Alle Daten deuten darauf hin, dass sich die internationalen Studierenden von einem Aufenthalt an einer deutschen Hochschule auch eine dezidierte Förderung ihrer Deutschkenntnisse erwarten (vgl. ähnlich auch Motz 2005, 140), dass es aber gleichzeitig für viele nicht möglich ist, die bestehenden Sprachlernangebote wahrzunehmen, weil diese nicht mit dem Studienplan koordiniert und vor allem nicht über die Vergabe von Leistungspunkten in das Studium integriert sind und so eine zusätzliche Arbeitsbelastung in einem ohnehin überfrachteten Studienplan darstellen (vgl. dazu auch Gnutzmann / Lipski-Buchholz 2008, 157). Dass hier schon seit längerem auch andere Modelle vorliegen – etwa dasjenige eines „studienintegrierten DaF-Unterrichts" (Kurtz 2000) oder der Ansatz der „aufgeklärten Zweisprachigkeit" (Fandrych 2007) – ist offenbar in den verschiedenen Fachbereichen unbemerkt geblieben.

Die Motivation der Studierenden, ihre Deutschkenntnisse zu verbessern, scheint jedenfalls teilweise auch darin begründet zu sein, dass sie sich durch den Spracherwerb langfristige Bindungen an den deutschen Sprachraum erhoffen. Man verbindet, kurz gesagt, mit einem Studium in Deutschland auch langfristige strategische Ziele. Vor diesem Hintergrund ist das Fehlen entsprechender Angebote und insgesamt die Ausblendung der Sprachförderung aus den internationalen Studiengängen aus der Sicht der auswärtigen Kulturpolitik (aber auch der deutschen Hochschulen) als äußerst problematisch einzuschätzen. Langfristige Bindung bzw. Anbindung an die deutschsprachigen Länder und den deutschsprachigen Wissenschaftsraum erfordert eine sprachliche Kompetenz, die es etwa auch erlaubt, den deutschsprachigen öffentlichen Diskurs wahrnehmen und einschätzen zu können, wissenschaftliche Diskurstraditionen zu erkennen und sich darin bewegen zu können, mit VertreterInnen deutscher Institutionen auch auf Deutsch kommunizieren zu können. Diesen Zusammenhang sehen auch viele der befragten Studierenden.

Insgesamt ist so ein eklatanter Widerspruch zwischen den Bedürfnissen und Interessen der Studierenden und der Mittlerorganisationen einerseits und den fachorientierten, auf schnelle Internationalisierung ausgerichteten Interessen der Fachbereiche an den Hochschulen und damit auch vieler Hochschulverwaltungen andererseits festzustellen. Der Drang nach schneller Internationalisierung hat die sprachlichen Herausforderungen häufig zunächst in den Hintergrund treten lassen. Die hier vorliegenden Daten weisen aber deutlich darauf hin, dass dies keine befriedigende Situation ist. Im Sinne einer nachhaltigen Förderung des Deutschen als Wissenschaftssprache und auch unter dem Aspekt des besonderen Profils von Studiengängen in den deutschsprachigen Ländern kann es nur verwundern, dass den Interessen der Studierenden nach einer langfristigen (auch sprachlichen) Bindung an den Bildungs- und Wirtschaftsstandort Deutschland kaum oder gar nicht Rechnung getragen wird. Stattdessen sind viele der internationalen Studierenden offenbar auch nach einem zweijährigen Studiengang auf Deutsch noch „sprachlos". Dagegen wird wenig unternommen, und was dagegen unternommen wird, ist offenbar meist wenig hilfreich. Um es mit den Worten eines/r Studierenden zusammenzufassen: „So I really think that they should learn Deutsch, as far as possible ..."

Literatur

Alexander von Humboldt-Stiftung et al. (2009): Deutsch als Wissenschaftssprache – Gemeinsame Erklärung von AvH, DAAD, Goethe-Institut und HRK 2009. Online unter: http//www.daad.de/portrait/presse/pressemitteilungen/2009/10005.de.html, letzter Zugriff: 08.04.2011.

Ammon, Ulrich / McConnell, Grant (2002): English as an Academic Language in Europe. A Survey of its Use in Teaching. Frankfurt am Main et al.: Lang.

Ammon, Ulrich (2005): Welche Rolle spielt Deutsch als Wissenschaftssprache neben Englisch? In: Motz, Markus (Hrsg.): Englisch oder Deutsch in Internationalen Studiengängen? Frankfurt am Main et al.: Lang, 67-86.

Fandrych, Christian (2007): Aufgeklärte Zweisprachigkeit als Ziel und Methode der Germanistik nicht-deutschsprachiger Länder. In: Schmölzer-Eibinger, Sabine / Weidacher, Georg (Hrsg.): Textkompetenz. Eine Schlüsselkompetenz und ihre Vermittlung. Tübingen: Narr, 275-298.

Fandrych, Christian/Sedlacek, Betina (2012): „I need German in my life." Eine empirische Studie zur Sprachsituation in englischsprachigen Studiengängen in Deutschland. Unter Mitarbeit von Erwin Tschirner und Beate Reinhold. Tübingen: Stauffenburg.

Gnutzmann, Claus / Bruns, Miriam (2008): English in Academia – Catalyst or Barrier? Zur Einführung in eine kontroverse Diskussion. In: Gnutzmann, Claus (Hrsg.): English in Academia. Catalyst or Barrier? Tübingen: Narr, 9-24.

Gnutzmann, Claus / Lipski-Buchholz, Kathrin (2008): Englischsprachige Studiengänge: Was können sie leisten, was geht verloren? In: Gnutzmann, Claus (Hrsg.): English in Academia. Catalyst or Barrier? Tübingen: Narr, 147-168.

Kurtz, Gunde (2000): Studienbegleitender und studienintegrierter DaF-Unterricht in internationalen Studiengängen. In: Info DaF 27/6, 584-597.

Motz, Markus (2005): Internationalisierung der Hochschulen und Deutsch als Fremdsprache. In: Ders. (Hrsg.): Englisch oder Deutsch in Internationalen Studiengängen? Frankfurt am Main et al.: Lang, 131-152.

Schumann, Adelheid (2008): Interkulturelle Fremdheitserfahrungen ausländischer Studierender an einer deutschen Universität. In: Dies. / Knapp, Anneliese (Hrsg.): Mehrsprachigkeit und Multikulturalität im Studium. Frankfurt am Main et al.: Lang, 29-50.

Soltau, Anja (2008): Englischsprachige Masterprogramme in Deutschland: Qualitätssicherung in der akademischen Lingua-Franca-Kommunikation am Beispiel von sprachlichen Zulassungskriterien. In: Schumann, Adelhaid / Knapp, Anneliese (Hrsg.): Mehrsprachigkeit und Multikulturalität im Studium. Frankfurt am Main et al.: Lang, 155-169.

Wilkinson, Robert (2008): English-taught study courses: principles and practice. In: Gnutzmann, Claus (Hrsg.): English in Academia. Catalyst or Barrier? Tübingen: Narr, 169-182.

2. Didaktik und Methodik der Fach- und Wissenschaftssprachvermittlung

„Aber ich hab' doch schon C 1" – Lehrmaterialien für studienbegleitende Wissenschaftssprachkurse

Melanie Moll (München)

1. Einleitung

Für die Zulassung zu einem deutschsprachigen Hochschulstudium müssen internationale Studienbewerber in der Regel über „ausreichende" deutsche Sprachkenntnisse verfügen, die sie entweder über die Deutsche Sprachprüfung für den Hochschulzugang DSH oder den Test für Deutsch als Fremdsprache TestDaF nachweisen können.[1] Studierende, die ein solches Zertifikat (DSH-2 oder TestDaF4) erworben haben, bewegen sich nach dem Gemeinsamen Europäischen Referenzrahmen GER (2009) mindestens auf dem Niveau C1, d. h., sie verfügen über das Niveau der so genannten „kompetenten Sprachverwendung", das mit der folgenden „Kann"-Bestimmung beschrieben wird: „Kann die Sprache im gesellschaftlichen und beruflichen Leben oder in Ausbildung und Studium wirksam und flexibel gebrauchen." Wenn man diesen Studierenden nun empfiehlt, ihre wissenschaftssprachlichen Kompetenzen studienbegleitend weiter auszubilden, hört man als DozentIn häufiger die Replik „Aber ich hab' doch schon C1", mit der die Studierenden den Ratschlag, weiterführende Wissenschaftssprachkurse zu besuchen, zunächst nicht für sich in Betracht ziehen. Die Praxis zeigt aber, dass Sprachkenntnisse auf dem Niveau C1 in der Regel noch nicht vollständig ausreichen, um fehlerfreie wissenschaftliche Texte zu produzieren oder im mündlichen Seminardiskurs souverän zu bestehen. Vielmehr ist studienbegleitend eine kontinuierliche, wissenschaftssprachliche Weiterbildung erforderlich. Neben der Bereitstellung des universitären Kursangebots und der Ausbildung von entsprechend qualifizierten DozentInnen müssen Lehrmaterialien entwickelt werden, die dem speziellen Bedarf derjenigen genügen, die sich des Deutschen als fremder

---

[1] Neben DSH und TestDaF, den speziell für die Hochschulzulassung konzipierten Sprachprüfungen, können die Sprachnachweise auch noch über andere, gleichgestellte Prüfungen erbracht werden (vgl. hierzu die Rahmenordnung über deutsche Sprachprüfungen für das Studium an deutschen Hochschulen 2004). Es ist zu beachten, dass die Anforderungen von Hochschule zu Hochschule und innerhalb der Hochschulen von Fach zu Fach unterschiedlich sein können. Die jeweilige Anerkennung wird durch die Hochschule festgelegt.

Wissenschaftssprache produktiv und rezeptiv bedienen. Von der Entwicklung solcher Lehrmaterialien soll im Folgenden berichtet werden.

Ich skizziere zunächst die Zielgruppe, für die Deutsch als fremde Wissenschaftssprache relevant ist, und formuliere anschließend Lernziele, die sich aus der empirischen Analyse studentischer Textproduktionen ableiten lassen. Exemplarisch werden Formulierungen des Gegenüberstellens und Vergleichens gezeigt, die Studierende bei Grafikauswertungen produzieren, um anhand charakteristischer Fehlerquellen den Lernbedarf zu skizzieren. Im Anschluss daran werden Überlegung zur Umsetzung der Lernziele für Lehrwerk und Unterricht vorgestellt. Das Material stammt aus dem zwischenzeitlich erschienenen Lehrwerk „Wissenschaftssprache Deutsch" (Graefen / Moll 2011), dessen Inhalt abschließend kurz vorgestellt wird.

2. Zielgruppe

Die Gruppe der internationalen Studierenden und WissenschaftlerInnen an deutschsprachigen Hochschulen hat sich seit der Bologna-Erklärung (1999) deutlich verändert. Dies gilt sowohl für die fachlichen Zielsetzungen als auch für die sprachlichen Voraussetzungen, die die einzelnen Gruppen mitbringen. Bis Mitte der 1990er Jahre bestand die für deutsche Hochschulen typische Zielgruppe aus Studierenden, die sich in studienvorbereitenden Intensivkursen auf den Hochschulzugang und damit auf ein deutschsprachiges Vollzeitstudium vorbereiteten. Mit fortschreitender Internationalisierung der Hochschulen hat sich diese Gruppe strukturell verändert: Es wächst die Anzahl internationaler Studien- und Promotionsprogramme, in denen teilweise zunächst einsprachig englisch, später dann deutsch-englisch gelehrt wird (DAAD 2010). Gleichzeitig wächst die Anzahl derjenigen, die sich – im Rahmen von Mobilitätsförderprogrammen – für einen kürzeren Zeitraum an deutschen Universitäten aufhalten, also zum Beispiel Programmstudierende, Cotutelle-Promovierende oder Gast-Wissenschaftler.[2]

Im Augenblick sind noch die wenigsten Hochschulen in der Lage, tatsächlich ein differenziertes studien- bzw. forschungsbegleitendes Sprachkurs-Angebot zu machen. An der Ludwig-Maximilians-Universität (LMU) München hat sich seit 2002 eine Gruppe von WissenschaftlerInnen dieser Thematik speziell angenommen. Hintergrund dieser Initiative war zum einen der Forschungsschwerpunkt „Deutsch als fremde Wissenschaftssprache", den Konrad Ehlich am Institut für Deutsch als Fremdsprache der LMU maßgeblich auf- und ausgebaut hat (s. hierzu

---

2 Für einen exemplarischen Einblick in die Vielfalt der Studienangebote s. die DAAD-Publikation 2010.

exemplarisch Ehlich 1993 sowie den Überblicksartikel von Graefen / Fandrych 2010; zu einer ersten Umsetzung der Forschungsergebnisse in studienbegleitende Lehrveranstaltungen s. Redder 2002). Zum anderen hat eine Sichtung der Lehrwerke ergeben, dass es kaum geeignetes Lehrmaterial gibt und dass die Vermittlungspraxis nach wie vor zum größten Teil eher dem individuell unterschiedlichen Engagement vereinzelter DozentInnen geschuldet ist als einer systematischen Material- und Curriculumsentwicklung. Für die großen DaF-Lehrbuch-Verlage erreicht die Anzahl potentieller Abnehmer auf C2-Niveau im universitären Umfeld weltweit nicht die Größenordnung, die wirtschaftlich rentabel wäre, so dass auf eine Publikation von dieser Seite auch in nächster Zeit vermutlich nicht zu hoffen ist.[3]

Das Profil der Studierenden und WissenschaftlerInnen, auf die unsere Vermittlungsbemühungen ausgerichtet sind, sieht folgendermaßen aus: Sie verfügen mindestens über eine DSH-2 oder einen TestDaF der Stufe 4 bzw. können das Niveau C1 durch andere, gemäß HRK-Beschluss gleichgestellte Prüfungen nachweisen; sie sollen und wollen in der Fremdsprache Deutsch wissenschaftlich schreiben, forschen oder lehren; sie kommen aus unterschiedlichen Disziplinen, d. h. sie studieren oder forschen in verschiedenen Fächern.

Und um es gleich vorwegzunehmen: Ich gehe davon aus, dass es nicht nur möglich, sondern auch sinnvoll ist, Deutsch als fremde Wissenschaftssprache disziplinübergreifend zu vermitteln. Dieser Auffassung liegt das Konzept einer fachübergreifenden „alltäglichen Wissenschaftssprache" (AWS) zugrunde, das darauf aufbaut, dass allen Fachsprachen ein Substrat an gemeinsamen, der Alltagssprache entlehnten Formulierungen zugrunde liegt.

3. Lernziele

Welcher spezielle Bedarf ist für die o. g. Zielgruppe nun festzustellen und welches sind die vermittlungsrelevanten Gegenstände? Ausgehend von regelmäßigen Befragungen unter den Studierenden und auf der Grundlage von empirischen Untersuchungen studentischer Produktionen, die inzwischen zu verschiedenen Text- und Diskursarten[4] vorliegen, hat sich gezeigt, dass eine Kombination aus sprachlichem

---

3   In diesem Zusammenhang ist die jüngste Erscheinung für ausländische Studierende von Schäfer / Heinrich (2010) zu begrüßen. Die Vermittlung wissenschaftssprachlicher Strukturen beschränkt sich allerdings auf ein Kapitel, denn der Schwerpunkt der Publikation liegt auf den wissenschaftlichen Arbeitstechniken.
4   Exemplarisch, ohne Anspruch auf Vollständigkeit, seien hier genannt: zur Seminararbeit Steinhoff (2007), Stezano-Cotelo (2008), Fischer / Moll (2002), Kaiser (2002); zur Mitschrift Steets (2003); zum Protokoll Moll (2001); zum Abstract Busch-Lauer (2004); zum mündlichen Referat Guckelsberger (2005); zum Exzerpt Moll (2002); zum wissenschaftlichen Artikel Graefen

Handlungswissen sowie kulturspezifischem Institutionenwissen vermittelt werden sollte. Im Einzelnen lassen sich daraus die folgenden Lernziele ableiten:

Aneignung von Wissen über Funktionen und Merkmale wissenschaftlicher Text- und Diskursarten: Die einschlägigen Text- und Diskursarten, wie z. B. Seminararbeit, Mitschrift, Protokoll, Exzerpt, mündliches Referat, Handout etc. müssen beschrieben und auf die Funktionen in der Wissenschaftskommunikation hin befragt werden. Auf dieser Grundlage können dann die zentralen Form-, Inhalts- und Strukturmerkmale von Texten und Diskursen erarbeitet werden.

Aneignung von Wissen über die Kulturspezifik solcher Text- und Diskursarten: Je nach Herkunftsland müssen sich die Studierenden teilweise kulturell distante Formen der Wissensvermittlung und des Wissenserwerbs aneignen. So kennt beispielsweise nicht jede Wissenschaftstradition das Protokoll als wissenschaftliche Textart, und bei Seminararbeiten oder Referaten bestehen teilweise erhebliche Unterschiede hinsichtlich Funktion, Aufbau und sprachlicher Gestaltung.

Aneignung von Wissen über (wissenschafts-)sprachliche Strukturen und Handlungsformen: Dieser zentrale Vermittlungsgegenstand lässt sich in vier Komponenten untergliedern:

1. Strukturen der „alltäglichen Wissenschaftssprache";
2. charakteristische sprachliche Handlungsformen, wie z. B. assertieren, begründen, berichten, beschreiben, einschätzen oder bewerten sowie komplexere Formen wie z. B. argumentieren, vergleichen, gegenüberstellen, thematisieren;
3. wissenschaftliches Zitieren und Verweisen (Jakobs 1999), das gefasst werden kann unter dem Motto: „Wie komme ich vom fremden zum eigenen Text?";
4. Textorganisation und Leserorientierung (vgl. Graefen 1997), z. B. Verknüpfung einzelner Abschnitte, Formulieren von Übergängen, Textkommentierungen, Beziehungen und Verweise im Text.

„Wissenschaftssprachliche Strukturen und Handlungsformen", und hier speziell das Thema „alltägliche Wissenschaftssprache", stehen in den Curricula der studienbegleitenden Wissenschaftssprachkurse im Zentrum der Vermittlungsbemühungen. Warum dies so ist und was unter AWS zu verstehen ist, soll deshalb kurz erläutert werden (zum Konzept vgl. Ehlich 1993, 1999, 2000):

Für das Beherrschen einer fremden Wissenschaftssprache braucht man mehr als nur solide gemeinsprachliche Kenntnisse, denen man den entsprechenden Fachwortschatz hinzufügt. Es genügt nicht, eine einfache Liste von Lexemen zu lernen; vielmehr gibt es neben Einzelwortschatz und Grammatik eine Kombinatorik von Wortschatzeinheiten, deren Kenntnis als eine zusätzliche Handlungsressource

---

(1997); zur Einleitung Thielmann (2009); zum wissenschaftlichen Schreiben mit Blick auf die verschiedenen Textarten Moll (2003).

fungiert. Unter alltäglicher Wissenschaftssprache versteht man also eine „spezifische Nutzung von Teilen der Alltagssprache für Zwecke der Wissenschaft" (Ehlich 2000, §5). Es handelt sich um syntagmatische Kombinationen, häufig auch um idiomatische Prägungen wie z. B. „eine Erkenntnis setzt sich durch" oder „etwas aus einer bestimmten Perspektive betrachten". Manche dieser Ausdruckskombinationen gelten als so verfestigt, dass sie zu den Funktionsverbgefügen gezählt werden (z. B. Fügungen mit wichtigen Lexemen wie Erkenntnis, Analyse, Frage etc). Andere wiederum finden sich, sehr zum Leidwesen von Studierenden, weder in Wörterbüchern noch in Lehrwerken.

In diesem Zusammenhang ist interessant zu beobachten, dass die Selbsteinschätzung der Studierenden bzw. ihre Einschätzung dessen, was beim wissenschaftlichen Lesen und Schreiben Schwierigkeiten bereitet, in vielen Fällen von den tatsächlich nachweisbaren Problemen abweicht: Die meisten Studierenden nennen Fremdwörter bzw. Fachwörter als größten Schwierigkeitsfaktor bzw. wollen in studienbegleitenden Sprachkursen fachspezifische Lexeme lernen. Die Analyse studentischer Textproduktionen zeigt aber: Was den Studierenden tatsächlich Schwierigkeiten bereitet, ist weniger der Fachwortschatz – dieser lässt sich in der Regel im Fachwörterbuch unschwer nachschlagen. Was schwer fällt, ist – neben den anderen, o. g. Befunden – vor allen Dingen die Verwendung der aus der Alltagssprache vertrauten und in der Wissenschaftssprache gezielt eingesetzten syntagmatischen Fügungen. Diese Formulierungen der alltäglichen Wissenschaftssprache finden sich in Texten aller Disziplinen, sei es in der Physik, in der Medizin oder in den Geisteswissenschaften. Aus diesem Grund bedarf es hierzu in studienbegleitenden Wissenschaftssprachkursen auch gezielter Vermittlungsbemühungen.

4. Studentische Formulierungen: Gegenüberstellen und Vergleichen

Eine der zentralen Aufgaben beim wissenschaftlichen Schreiben besteht darin, einzelne Wissenselemente, komplexere Wissensbestände oder wissenschaftliche Positionen zueinander ins Verhältnis zu setzen, also gegenüberzustellen und zu vergleichen. Je nach Gegenstand werden Gemeinsamkeiten und Unterschiede formuliert, es werden Abgrenzungen postuliert oder qualitative bzw. quantitative Einschätzungen vorgenommen.

Anhand von Ausschnitten aus studentischen Textproduktionen soll im Folgenden gezeigt werden, welches die konkreten Probleme der Studierenden beim Gegenüberstellen und Vergleichen sind. Die Beispiele stammen aus einem Korpus von 340 DSH-Prüfungen aus den Jahren 2008 bis 2009. Zum Zweck der Prüfung sei hier auf die Rahmenordnung über Deutsche Sprachprüfungen (2004, 15) verwiesen: Mit der DSH-Prüfung weisen StudienbewerberInnen, die ihre Hochschulzugangsberechtigung nicht an einer deutschsprachigen Lehreinrichtung erworben haben, „die sprachliche Studierfähigkeit [...] in einer schriftlichen und in einer mündlichen Prüfung nach." Die Beispiele stammen aus dem Prüfungsteil „Vorgabenorientierte Textproduktion". Mit diesem Prüfungsteil soll „die Fähigkeit aufgezeigt werden, sich selbständig und zusammenhängend zu einem studienbezogenen und wissenschaftsorientierten Thema zu äußern. Die Textproduktion [...] sollte jeweils mindestens eine der sprachlichen Handlungen aus den folgenden Gruppen beinhalten: Beschreiben, Vergleichen, Beispiele anführen; Argumentieren, Kommentieren, Bewerten; Vorgaben zur Textproduktion können sein: Grafiken, Schaubilder, Diagramme, Stichwortlisten, Zitate." (ebd. 12)

Es folgen zwei Grafiken, die jeweils im Rahmen einer „vorgabenorientierten Textproduktion" auszuwerten waren. Zu Thema 1 „Schlaflosigkeit" und Thema 2 „Einsatz von Autos oder Flugzeugen bei Urlaubsreisen" waren jeweils die folgenden Aufgaben formuliert: „Beschreiben Sie (oder zu Thema 2: Vergleichen Sie) die Grafik(en). Geben Sie Gründe für die Entwicklungen (bzw. für die gezeigten Unterschiede) an."

Abb. 1a-b: Prüfung „Schlaflosigkeit"

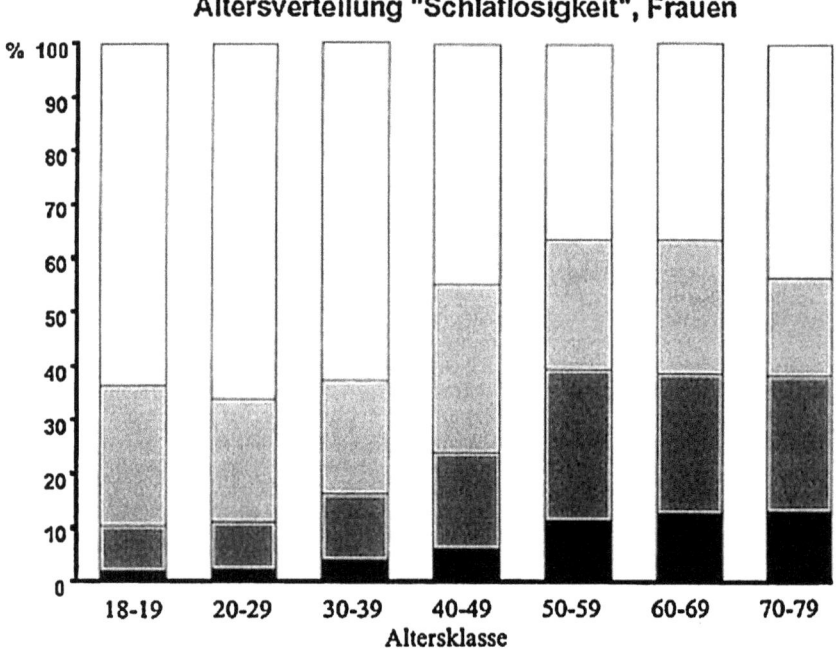

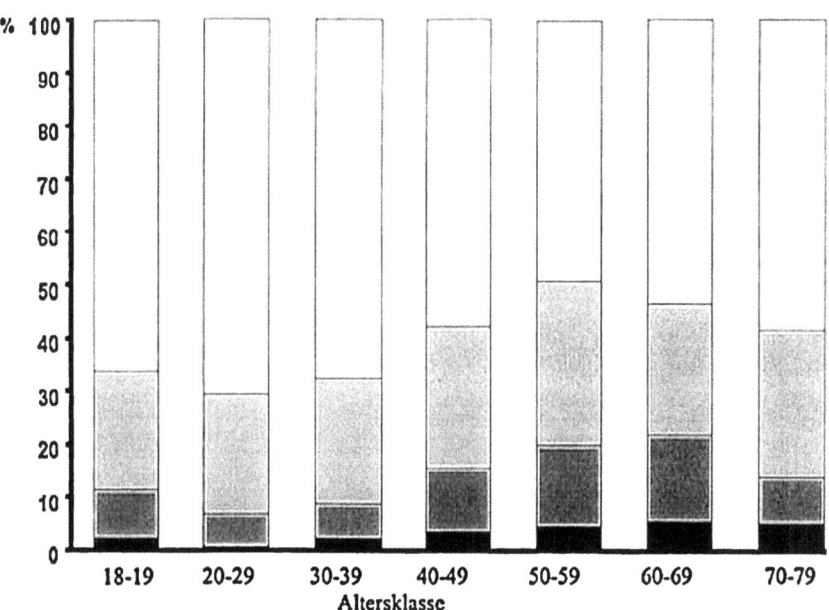

Quelle. Gesundheitsbericht des Bundes (Robert Koch Institut 1998)

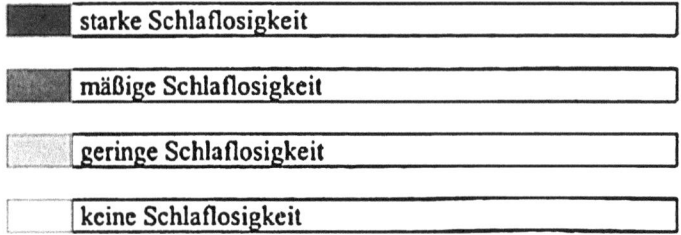

Abb. 2: Prüfung „Auto oder Flugzeug"

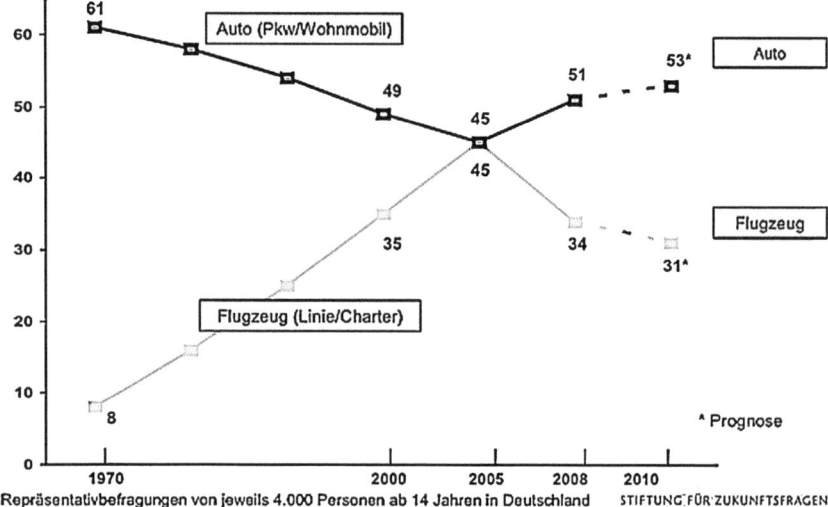

Quelle: *Stiftung für Zukunftsfragen – Tourismusanalyse 2009, bearb.*

4.1 Absenz sprachlicher Mittel des Gegenüberstellens und Vergleichens

Wie realisieren die Studierenden nun die o. g. Schreibaufgabe mit Blick auf die sprachlichen Handlungsformen des Gegenüberstellens und Vergleichens?

Zunächst der m. E. erstaunlichste Befund: Es dominieren bei der Auswertung nicht die fehlerhaften Verwendungen sprachlicher Mittel des Vergleichens und Gegenüberstellens, sondern es dominiert die Absenz der entsprechenden sprachlichen Mittel. Die Beispiele (1.1) und (1.2) sowie (2.1) verdeutlichen dies:[5]

Beispiel (1.1)
„Männer und Frauen, die 50 bis 59 Jahre alt sind, leiden häufig an der Schlaflosigkeit. Die Zahl von Männer ist rund 50 Prozent. Und die Zahl von Frauen ist

---

5 Bei der Transkription werden die fehlerhaften Phänomene so exakt wie möglich übernommen; dies schließt Auslassungen von Buchstaben, Abbrüche etc. mit ein. Hervorhebungen durch die Verfasserin.

rund 60 Prozent. Ich meine, dass es viele Gründe von der Schlaflosigkeit gibt …"

Beispiel (1.2)
„Viel Frauen, die von 50 bis 69 Jahre alt sind, haben die Schlaflosigkeit. Die Graphik informiert uns auch über Männer. Männer haben wenige Probleme mit der Schlafstörung."

Beispiel (2.1)
„Die Zahl des Autos ist *von* 61% 1970 *auf* 45% im Jahr 2005 *gesungen*. Die Zahl des Flugzeugs hat sich *von* 8% *auf* 45% im Jahr 2005 *erhöht*. Im Zeitraum von 2005-2008 *nahm* die Zahl beim Auto *zu*. Die Zahl beim Flugzeug *verminderte sich*. Ich bin der Meinung, dass früher die meisten Länder nicht so viele Flughafen haben."

In allen drei Beispielen, signifikant aber in (1.1) und (1.2), werden überwiegend Assertionen aneinandergereiht, ohne sie zueinander ins Verhältnis zu setzen. In Beispiel (2.1) werden zwar quantitative Angaben formuliert, um Vergleichsobjekte mithilfe von Jahreszahlen und Prozentzahlen zueinander ins Verhältnis zu setzen (Die Zahl des Autos ist „von … auf gesungen" / Die Zahl des Flugzeugs „hat sich von … auf erhöht" / „verminderte sich"). Bedauerlicherweise wird trotz Kenntnis der hier angemessenen Ausdruckskombination für quantitative Angaben („von…auf… erhöht" / „gesunken") das Vergleichsobjekt falsch benannt. Nicht die *Zahl des Autos* ist „gesunken" sondern die *Anzahl der Personen*, die ein Auto für Urlaubsreisen verwenden. Die eigentliche Vergleichsaufgabe, d. h. die Ins-Verhältnis-Setzung der aus der Grafik abzulesenden Informationen mithilfe geeigneter Fügungen des Gegenüberstellens und Vergleichens (vgl. Anhang 2) oder mithilfe geeigneter grammatischer Mittel wie z.B. Adverbien („hingegen, dagegen") oder Subjunktoren („während") wird nicht ausgeführt.

4.2 Versuch der Verwendung sprachlicher Mittel des Gegenüberstellens und Vergleichens

Es gibt allerdings auch Beispiele, in denen eifrig versucht wird, sprachliche Mittel des Gegenüberstellens und Vergleichens anzuwenden:

Beispiel (1.3)
„Man kann schon sehen *wie unterschiedlich zwischen* Männer und Frauen sind. Bis zur 40 Jahre alt sind die Männer und die Frauen fast ähnliche prozentual

gestört. [...] Obwohl leiden die Frauen unter stärkere und mäßige Schlaflosigkeit, *Vergleich mit den Männern ist* die Mehrheit geringe Schlaflosigkeit."

Hier sind Vermischungen aus verschiedenen syntagmatischen Fügungen oder nur teilweise erinnerte Ausdruckskombinationen zu beobachten. Die Formulierung „wie unterschiedlich zwischen" entsteht vermutlich aus der Verschränkung von zwei festen syntagmatischen Verbindungen, nämlich „Unterschiede zwischen" mit „N und N sind unterschiedlich". Inhaltlich nicht mehr rekonstruierbar ist die Formulierung „Vergleich mit den Männern ist die Mehrheit geringe Schlaflosigkeit". Es wird aber offenbar versucht, mit der Ausdrucksverbindung „im Vergleich mit / zu D ist N" zu arbeiten.

4.3 Häufig verwendete Ausdrucksmittel: während / im Vergleich

Auf der Beliebtheitsskala ganz oben angesiedelt sind bei den Studierenden offenbar Formulierungen, die mithilfe der Subjunktion „während" gebildet werden sowie Ausdrucksmittel aus der Wortfamilie des *Vergleichens*. Diese Formulierungen werden auch am häufigsten fehlerlos verwendet. Im Folgenden ein geglücktes Beispiel (2.2) für die Verwendung der adversativen Subjunktion, siehe dazu auch unten (1.4):

Beispiel (2.2)
„Man sieht deutlich, dass nämlich 61% der Befragten im Jahr 1970 das Auto für Urlau benutzen, *während* nur 8% aller Betagten die Flugzeug benutzen."

Probleme bereitet bei der Verwendung der Subjunktion „während" zum Ausdruck des Gegensatzes meist nur die Wortstellung: Auch bei fortgeschrittenen LernerInnen finden sich teilweise noch Unsicherheiten hinsichtlich der Position des finiten Verbs im Nebensatz (Bsp. 2.3). Einer regen Beliebtheit erfreut sich bei dieser syntaktischen Struktur auch die fehlerhafte Kommasetzung nach der Angabe auf Position 1:

Beispiel (2.3)
„*Während* im Jahr 1970, 61% der Befragten *haben* als Verkehrsmittel für den Urlaub das Auto *benutzt*, nur 8% haben die Flugzeuge gewählt."

Sehr häufig – und häufig auch fehlerlos – lässt sich die Verwendung der Fügung „im Vergleich zu" nachweisen (Bsp. 1.4 und 1.5):

Beispiel (1.4)
„*Im Vergleich zu Männer*, leiden Frauen häufiger an Schlaflosigkeit. Die Zahl fast verdoppelt sich für Frauen über 50. *Während* die Zahl für Frauen zwischen 50-79 *gleich geblieben ist, hat* die Zahl für Männer nach 69 *abgenommen*."

Beispiel (1.5)
„*Die Männer, in Vergleich zu Frauen*, haben wenigere schlaflose Nächte, im Alter von 40 bis 97 Jahren."

Hier zeigen sich zwar Unsicherheiten in Bezug auf Kasus- und Artikelverwendung. Die Ausdrucksverbindung bereitet aber insgesamt keine Verwendungsprobleme und gehört offenbar zum geläufigeren Formulierungsrepertoire der Studierenden.

4.4 Gegensatz / Gegenteil

Problematischer als die syntagmatischen Fügungen, die in Verbindung mit dem Lexem „Vergleich" realisiert werden, gestaltet sich die Verwendung von Ausdruckskombinationen mit „Gegensatz" / „Gegenteil". Um den Studierenden eine Hilfestellung bei der Verwendung der für das Gegenüberstellen und Vergleichen wichtigen Ausdruckskombinationen zu geben, wird in den studienbegleitenden Sprachkursen eine semantische Abgrenzung der beiden Lexeme vorgenommen, die mit Beispielen belegt und durch eine Sammlung entsprechender Fügungen ergänzt ist (vgl. Anhang 3).

Das folgende Textbeispiel (1.6) zeigt eine erfolgreiche Verwendung der Ins-Verhältnis-Setzung durch „Gegensatz":

Beispiel (1.6)
„Die Grafik auf der linken Seite zeigt uns, dass die Frauen im Alter von 50 Jahren bis 79 Jahren alt höher Probleme mit Schlaflosigkeit haben. *Im Gegensatz dazu* haben die Männer im Alter von 50 Jahre bis 79 Jahre alt geringe Probleme mit Schlaflosigkeit."

Misslungen ist dagegen der folgende Formulierungsversuch:

Beispiel (2.5)
„Die Zahl der mit Auto fahrenden Touristen [...] ist gesunken. Aber dann vom Jahr 2005 bis 2010 gestiegen. *Im Gegenteil dazu* ist die Zahl der mit Flugzeug reisenden Terroristen *gesunken*."

Hier handelt es sich um eine Vermischung von Elementen aus verschiedenen syntagmatischen Fügungen: In die Ausdruckskombination „im Gegensatz zu" wird das Lexem „Gegenteil" eingebaut, was zu einer Verschränkung von zwei ähnlich klingenden, aber doch voneinander zu unterscheidenden Fügungen führt. Mehrfach findet sich im Korpus auch die folgende, nicht ganz geglückte Verwendung von „Gegensatz":

Beispiel (1.7)
„*Im Gegensatz der Frauen* leiden etwa nur 20% der Männern der Alterklasse 50-69 an der mäßigen Schlaflosigkeit."

Die offenbar intendierte Ausdruckskombination wird näherungsweise erinnert, d. h., der Verfasser erkennt, dass hier die Relation zwischen zwei Polen als *Gegensatz* wiedergegeben werden soll. Allerdings scheitert er an der korrekten Kombinatorik: Es wird ein Teil, hier die Präposition „zu", weggelassen. Und auch in Beispiel (2.4) versucht sich der Verfasser an einer Formulierung, die gerade am Satzanfang zum Ausdruck adversativer Relationen dienen soll:

Beispiel (2.4)
„Das bedeutet, dass wir ein Anstieg von je 100 Befragten, die das Auto nutzen, von 2005 bis 2008 sehen. *In Gegenteil sieht es* bei Flugzeugnutzer in dem Urlaub *aus*."

Der Verfasser erinnert hier offenbar die eher alltagssprachliche Formulierung „Anders sieht es mit / bei X aus" und verknüpft diese mit der Ausdruckskombination „im Gegenteil". Die einzige näherungsweise korrekte Verwendung von „im Gegenteil", die sich im Korpus nachweisen lässt, zeigt das letzte Beispiel:

Beispiel (2.6)
„Im Vergleich zu dieser Steigerung hat die Anzahl des Autos sich erhöht. Aber nach 2005 bis jetzt geht es nicht mehr so, *sondern im Gegenteil*. Also in diesen Jahre …"

Zusammenfassend lassen sich anhand der kleinen Auswahl von Beispielen studentischer Produktionen zum Gegenüberstellen und Vergleichen die folgenden Phänomene beobachten:

- Absenz der sprachlichen Mittel des Vergleichens und Gegenüberstellens; Neukombination und Verschränkung von Elementen aus verschiedenen syntagmatischen Fügungen;

- vage Erinnerung an eine bestimmte Ausdruckskombination und, damit verbunden, eine unpräzise sprachliche Umsetzung;
- mangelnde Ausschöpfung der Ausdrucksvielfalt trotz des im Deutschen gut ausgebauten Repertoires (vgl. dazu die in Frage kommenden Fügungen in Anhang 2).

5. Operationalisierung des Lerngegenstands für Lehrwerk und Unterricht

Die studentischen Textproduktionen zeigen, dass bei den Studierenden Bedarf in zweierlei Hinsicht besteht: Zum einen müssen sie die Vielfalt der Formulierungsmöglichkeiten zur Realisierung bestimmter wissenschaftssprachlicher Zwecke kennenlernen. Zum anderen müssen sie sich die syntagmatisch präzise und in Bezug auf die Handlungsqualität korrekte Verwendungsweise entsprechender Ausdrücke und Ausdruckskombinationen aneignen. Die Lehrmaterialien, die wir mit Blick auf diesen Bedarf entwickelt haben, umfassen die folgenden Komponenten:

Auf der Grundlage der Analyse studentischer Textproduktionen wurden vermittlungsrelevante Lerngegenstände benannt. Zum jeweiligen Themenbereich haben wir eine Zusammenstellung der wichtigsten Fügungen vorgenommen; diese sind bei Bedarf durch die entsprechenden grammatischen Mittel ergänzt. Die Sammlung der Ausdrucksmittel ist gebunden an die in deutschen Wissenschaftstexten häufig aufzufindenden Formulierungen (vgl. exemplarisch Anhang 2). Teilweise werden charakteristische Ausdrücke der thematisch relevanten Wortfamilie gelistet (im hier präsentierten Fall beispielsweise die Lexeme „Gleichheit", „Vergleich", „Unterscheidung"). Authentische Beispiele aus wissenschaftlichen Texten verschiedener Disziplinen verdeutlichen die Verwendung der jeweiligen Formulierungen. Die Übungen, die jedes Kapitel begleiten, sollen dazu dienen, ein Bewusstsein für Formulierungsmöglichkeiten in der Wissenschaftssprache Deutsch zu entwickeln und die produktiven schriftsprachlichen Fähigkeiten auszubauen. Die Aufgabentypen sind sowohl stark als auch schwach gelenkt und umfassen Lückentexte mit und ohne Auswahlmöglichkeiten, Paraphrasierungsaufgaben, vorgabenorientierte Textproduktionen sowie Beurteilung und Verbesserung authentischer Beispiele. Gerade Letzteres bedarf einer deutlichen Steuerung durch die Lehrkraft, da es sich teilweise auch um Textproduktionen muttersprachlicher Studierender handelt, die komplexere Umformungsleistungen erforderlich machen.

6. Inhalte für ein Lehrwerk zur Wissenschaftssprache Deutsch

Ausgehend von den zu Beginn genannten Lernzielen und auf dem Hintergrund der Analyse studentischer Textproduktionen zeige ich abschließend die Zusammenstellung der Themen, die ein fächerübergreifendes Lehrwerk für studienbegleitende Wissenschaftssprachkurse unseres Erachtens umfassen sollte: Alltägliche Wissenschaftssprache; Begriffsbestimmung und Definition; Thematisierung, Kommentierung und Gliederung; Frage, Problem und Verwandtes; Beziehungen und Verweise im Text; Argumentieren und Argumentation; Gegenüberstellung und Vergleich; Lexik und Stil.

Literatur

Busch-Lauer, Ines (2004): Textbausteine in Abstracts. In: Wolf, Armin / Ostermann, Torsten / Chlosta, Christoph (Hrsg.): Integration durch Sprache. Beiträge der 31. Jahrestagung DaF 2003. Regensburg: FaDaF, 329-348.

DAAD (2010): International Bachelor, Master and Doctoral Programmes in Germany. Herausgegeben vom Referat „Information für Ausländer zum Bildungs- und Forschungsstandort Deutschland, Kampagnen, Internet" des DAAD. Bielefeld: W. Bertelsmann.

Ehlich, Konrad (1993): Deutsch als fremde Wissenschaftssprache. In: Jahrbuch Deutsch als Fremdsprache 19, 13-42.

Ehlich, Konrad (1999): Alltägliche Wissenschaftssprache. In: Info DaF 26/1, 3-24.

Ehlich, Konrad (2000): Deutsch als Wissenschaftssprache für das 21. Jahrhundert. In: German as a foreign language 1/1, 47-63.

Fandrych, Christian / Graefen, Gabriele (2010): Wissenschafts- und Studiensprache Deutsch. In: Krumm, Hans-Jürgen / Hufeisen, Britta / Riemer, Claudia (Hrsg.): Deutsch als Fremd- und Zweitsprache. Halbbd. 1. Vollst. Neubearbeitung. Berlin et al.: de Gruyter, 509-517.

Fischer, Almut / Moll, Melanie (2002): Die Seminararbeit als Einstieg ins wissenschaftliche Schreiben. In: Redder, Angelika (Hrsg.): „Effektiv studieren". Texte und Diskurse in der Universität. Duisburg: Red. OBST, 135-165.

GER (2009): Gemeinsamer europäischer Referenzrahmen für Sprachen: Lernen, lehren, beurteilen. Veränd. Aufl. Berlin et al.: Langenscheidt.

Graefen, Gabriele (1997): Der wissenschaftliche Artikel. Textart und Textorganisation. Frankfurt am Main et al.: Lang.

Graefen, Gabriele / Moll, Melanie (2011): Wissenschaftssprache Deutsch: lesen – verstehen – schreiben. Ein Lehr- und Arbeitsbuch. Frankfurt am Main et al.: Lang.

Guckelsberger, Susanne (2005): Mündliche Referate in universitären Lehrveranstaltungen. Diskursanalytische Untersuchungen im Hinblick auf eine wissenschaftsbezogene Qualifizierung von Studierenden. München: iudicium.

Jakobs, Eva-Maria (1999): Textvernetzung in den Wissenschaften. Zitat und Verweis als Ergebnis rezeptiven, reproduktiven und produktiven Handelns. Tübingen: Niemeyer.

Kaiser, Dorothee (2002): Wege zum wissenschaftlichen Schreiben. Eine kontrastive Untersuchung zu studentischen Texten aus Venezuela und Deutschland. Tübingen: Stauffenburg.

Moll, Melanie (2001): Das wissenschaftliche Protokoll. Vom Seminardiskurs zur Textart: empirische Rekonstruktionen und Erfordernisse für die Praxis. München: iudicium.

Moll, Melanie (2002): „Exzerpieren statt fotokopieren" – Das Exzerpt als zusammenfassende Verschriftlichung eines wissenschaftlichen Textes. In: Redder, Angelika (Hrsg.): „Effektiv studieren." Texte und Diskurse in der Universität. Duisburg: Red. OBST, 104-126.

Moll, Melanie (2003): Komplexe Schreibsituationen an der Hochschule. In: Hoppe, Almut / Ehlich, Konrad (Hrsg.): Propädeutik des Wissenschaftlichen Schreibens / Bologna-Folgen. Bielefeld: Aisthesis [=Mitteilungen des Deutschen Germanistenverbandes 2003/2-3], 232-249.

Rahmenordnung über Deutsche Sprachprüfungen für das Studium an deutschen Hochschulen (RO-DT). Beschluss des 202. Plenums der Hochschulrektorenkonferenz vom 08.06.2004 / Beschluss der Kultusministerkonferenz vom 25.06.2004. Online unter: http://www.hrk.de/de/download/dateien/RODT_250625_HRK_KMK%28F%29.pdf, letzter Zugriff: 28.11.2011.

Redder, Angelika (Hrsg.) (2002): „Effektiv studieren". Texte und Diskurse in der Universität. Duisburg: Red. OBST.

Schäfer, Susanne / Heinrich, Dietmar (2010): Wissenschaftliches Arbeiten an deutschen Universitäten. Eine Arbeitshilfe für ausländische Studierende im geistes- und gesellschaftswissenschaftlichen Bereich. München: iudicium.

Steets, Angelika (2003): Die Mitschrift als universitäre Textart – schwieriger als gedacht, wichtiger als vermutet. In: Ehlich, Konrad / Steets, Angelika (Hrsg.): Wissenschaftlich schreiben – lehren und lernen. Berlin et al.: de Gruyter, 51-64.

Steinhoff, Torsten (2007): Wissenschaftliche Textkompetenz. Sprachgebrauch und Schreibentwicklung in wissenschaftlichen Texten von Studenten und Experten. Tübingen: Niemeyer.

Stezano-Cotelo, Kristin (2008): Verarbeitung wissenschaftlichen Wissens in Seminararbeiten ausländischer Studierender. Eine empirische Sprachanalyse. München: iudicium.

Thielmann, Winfried (2009): Deutsche und englische Wissenschaftssprache im Vergleich. Hinführen – Verknüpfen – Benennen. Heidelberg: Synchron.

Anhang (1)

Fügungen zum Gegenüberstellen und Vergleichen:

N und N sind	gleich verschieden unterschiedlich
In dem Aspekt X Unter dem Aspekt X Hinsichtlich X	sind N und N gleich
N ist mit D vergleichbar	in der Eigenschaft X
N1 und N2 gleichen sich	unter dem Gesichtspunkt X insofern, als ...
N1 und N2 sind vergleichbar	in dem Punkt, dass ... bezüglich X / in Bezug auf X hinsichtlich X
F vergleicht A mit D	
F unterzieht A1 und A2 einem Vergleich	
F führt einen Vergleich von D und D durch	
F grenzt A von D ab	
F untersucht	das Verhältnis zwischen D und D das Verhältnis von D zu D
Der Vergleich von D und D	ergibt A führt zu dem Ergebnis / Resultat X
Zum Vergleich mit D wird N herangezogen	
Im Vergleich zu D erweist sich N als besser / stärker / schwächer	
Vergleicht man A mit D, (so) zeigt sich N	
N unterscheidet sich von D	darin, dass ... in D äußert sich in D
Der Unterschied zwischen D und D	liegt in D besteht darin, dass
In Bezug auf A unterscheiden sich N und N	erheblich voneinander stark voneinander deutlich voneinander
Im Unterschied zu D	hat N die Eigenschaft X
Im Gegensatz zu D	ist N durch A gekennzeichnet (geprägt)
Anders als N	lässt sich N durch A charakterisieren
Im Kontrast zu D	zeichnet sich N durch A aus

In Abgrenzung zu D	ist für A N charakteristisch
N wird zu D ins Verhältnis gesetzt	
Im Verhältnis zu D hat N die Eigenschaft X	
Einer Eigenschaft von X steht die Eigenschaft von Y gegenüber	

[…]

Quelle: Graefen / Moll (2011)

Anhang (2)

Gegensatz / Gegenteil

Gegensatz und *Gegenteil* kann man folgendermaßen unterscheiden:
Gegenteil: die Eigenschaften zweier Elemente sind konträr und entgegengesetzt, so wie die Bedeutungen von *heiß* und *kalt* oder die Zeichen + / – innerhalb der mathematischen Sonderzeichen. Im ersten Beispiel (B1) sind die Gegenteile die Pole auf einer Skala.

B1
„Muss der Algorithmus für eine solche Aufgabe – falls es überhaupt einen gibt – nicht äußerst kompliziert sein? Nein, das Gegenteil ist der Fall: Zufallszahlengeneratoren sind einfache, kleine Prozeduren, die sich jeder Programmierer leicht selbst schreiben kann." (aus: Rechenberg 1991, S. 111)

Gegensatz: Diese Pole oder die Gegenteile stehen in einem gegensätzlichen Verhältnis zueinander, das Verhältnis (die Relation) ist also ein Gegensatz (s. B2). Von daher kann man sagen: *Zwei Personen haben ein gegensätzliches Temperament*, oder: *Der Gegensatz von Reich und Arm tritt in einem Stadtviertel deutlich zutage.*

B2
Der Autor konzentriert sich auf die reine Physik und verzichtet im Gegensatz zu Hawking auf religiöse und metaphysische Ausführungen.

Idiomatische Fügungen

N steht im Gegensatz zu D	N ist das Gegenteil von D
Im Gegensatz zu D ist / hat N …	Das Gegenteil ist der Fall, …
Im Gegensatz dazu …	X verhält sich nicht so, im Gegenteil: …
Im Gegensatz zu D handelt es sich bei D um A	
Im Gegensatz hierzu weist N eine andere Eigenschaft auf	

[…]

Weitere Verwendungsbeispiele zeigen, dass beide Substantive (*Gegensatz und Gegenteil*) zur Einleitung einer Äußerung dienen können, aber auf verschiedene Weise:

B3
„Säureblocker verringern die Säureproduktion im Magen längerfristig und sind damit wirksamer als sogenannte Antacida. Im Gegensatz zu anderen europäischen Ländern müssen Säureblocker in Deutschland vom Arzt verschrieben werden." (aus: Geisler 1999, S.32)

[…]

Quelle: Graefen / Moll (2011)

Wissenschaftlichkeit als Stil?
Über studentische Annäherungsversuche

Winfried Thielmann (Chemnitz)

1. Vorbemerkungen

In diesem Beitrag möchte ich mich mit Charakteristika der deutschen Wissenschaftssprache befassen und im Anschluss daran studentische Annäherungsversuche diskutieren. Ich bespreche hierzu zunächst zwei Ausschnitte aus wissenschaftlichen Texten und komme dann auf Beispiele aus studentischen Qualifikationsarbeiten zu sprechen.

2. Charakteristika von Wissenschaftssprache – eristische Strukturen

Ich beginne mit dem ersten Satz aus der Einleitung eines Aufsatzes über Heideggers Wissenschaftstheorie:

Beispiel (1)
„Nicht selten begegnet man einer Auffassung der Philosophie Martin Heideggers, die sich aufgrund des Diktums: ‚Die Wissenschaft denkt nicht' (VA 133) einer Diskussion des Problems zu entziehen weiß." (Wolf 2003, 95)

Dieses Textstück enthält, denke ich, nur einen einzigen Ausdruck, der in der Umgangssprache eher selten anzutreffen sein dürfte: *Diktum* – „Ausspruch". Dennoch ist das hier Gesagte nicht so ohne weiteres verständlich. Dies liegt daran, dass sich hier ganz normale deutsche Wörter auf etwas ungewöhnliche Weise verbinden: „einer Auffassung begegnen", „sich der Diskussion eines Problems zu entziehen wissen".

Diese Wortverbindungen sind der Tatsache geschuldet, dass Wissenschaft eine kollektive Unternehmung ist. Wissenschaftler sind in einem permanenten Streit um die Wahrheit begriffen. Die sprachlichen Elemente des wissenschaftlichen Streitens, die zum ersten Mal im Jahre 1993 von Konrad Ehlich beschrieben worden sind, sind vorwiegend aus gemeinsprachlichen Elementen aufgebaut.

Nach Eris, der Göttin der Zwietracht, hat Ehlich sie als *eristische Strukturen* bezeichnet.

Man begegnet also, so ist der kleine Text zu lesen, nicht selten einer Auffassung – das heißt also: Wissenschaftlern, die eine bestimmte Auffassung vertreten. Diese Wissenschaftler kennen Heideggers Wissenschaftstheorie nicht, sondern nur einen einzigen Satz: „Die Wissenschaft denkt nicht". Und immer dann, wenn man über Heideggers Wissenschaftstheorie reden müsste, entziehen sie sich der Diskussion, indem sie auf diesen Satz verweisen, der ihnen genügt. Mit anderen Worten: Es gibt Wissenschaftler, die hinsichtlich Heideggers Wissenschaftstheorie ihre Hausaufgaben nicht gemacht haben. Der Autor tritt mit diesem ersten Satz gleich einmal einigen Kollegen gehörig auf die Füße, indem er sich streitend positioniert.

Ein ganz erheblicher Teil des wissenschaftlichen Geschäfts, nämlich der ganze Bereich der streitenden Auseinandersetzung, wird vornehmlich mit gemeinsprachlichen Mitteln bedient. Diese Mittel werden allerdings auf eine spezifisch wissenschaftliche Weise genutzt, was sich in ihrer komplexen Syntax zeigt: „sich der Diskussion eines Problems zu entziehen wissen". Zugleich entfalten sie ihre spezifische Funktionalität vor dem Hintergrund einer Rezeptionssituation, in der neues Wissen prinzipiell strittig ist. Dies hat eine wichtige Konsequenz, die im Zusammenhang der studentischen Annäherungen an Wissenschaft zu diskutieren sein wird: Wissenschaftliche Texte sind keine informativen Texte, sondern Texte, mit denen Autoren streitend neues Wissen in der Gemeinschaft der Wissenschaftler durchzusetzen versuchen.

Wolf hat hinter dem ersten Satz seiner Einleitung einen Punkt gemacht. Dieser Satz ist von seiner grammatischen Struktur her ein Deklarativ-, ein Aussagesatz. Und Aussagesätze sind Formen, die vornehmlich für eine ganz bestimmte sprachliche Handlung genutzt werden: die Assertion, deren Zweck in der Wissensübermittlung besteht.

Wie wir an der kleinen Paraphrase dieses Textstücks gesehen haben, geht es dem Autor Wolf aber nicht darum, den Leser darüber zu informieren, dass man oft „einer Auffassung begegnet, die sich der Diskussion des Problems zu entziehen weiß". Vielmehr wirft er ja einem nicht unerheblichen Teil seiner Kollegen vor, dass sie ihre Hausaufgaben nicht gemacht haben. Die sprachliche Handlungsqualität, die Illokution dieses Textstücks ist also keine Assertion, sondern ein Vorwurf. Dies erkennt aber nur, wer bereits um die Wissenschaft als Streitgeschäft weiß.

Ich gebe ein weiteres Beispiel, diesmal aus der Sprachwissenschaft:

Beispiel (2)
„Wunderlich setzt [...] das abstrakt topologische Beschreibungsmodell räumlicher Verhältnisse mit der Bedeutung der Präposition gleich und bezeichnet die von der topologischen Beschreibung abweichende Sprachpraxis als ‚eine pragmatische Eigenschaft unserer Verwendung von *in* in etwas laxer Weise [...]'. Bei diesem Vorgehen verkehrt sich das Verhältnis von analytischen Hilfsmitteln und Beschreibungsziel, da sich das Instrumentarium der Sprachanalyse über die untersuchte Sache stülpt und seine Beschreibungsmöglichkeiten zur Norm erhebt." (Grießhaber 1999, 247)

Grießhaber hat gerade die Position von Wunderlich recht ausführlich referiert und beginnt nun, diese zusammenzufassen: Nach Grießhaber hat Wunderlich ein topologisches Beschreibungsmodell räumlicher Verhältnisse entwickelt, dass für ihn mit der Bedeutung der Präposition – in diesem Falle mit der Präposition „in" – gleichzusetzen ist. Fälle, die sich hierdurch nicht beschreiben lassen, sind für Wunderlich – wie an dem Zitat ersichtlich – einer laxen Sprachpraxis geschuldet. Grießhaber hat Wunderlich zwar zu Wort kommen lassen, aber wir sehen deutlich, dass seine Darstellung der Position von Wunderlich so erfolgt, dass es nun leicht möglich ist, die Kritik zu formulieren: „Bei diesem Vorgehen verkehrt sich das Verhältnis von analytischen Hilfsmitteln und Beschreibungsziel, da sich das Instrumentarium der Sprachanalyse über die untersuchte Sache stülpt und seine Beschreibungsmöglichkeiten zur Norm erhebt." Die Kritik, die Grießhaber an dem Vorgehen Wunderlichs übt, richtet sich dagegen, dass die Sprachwissenschaft ihre analytischen Kriterien zur Norm erhebt. Grießhaber formuliert seine Kritik in einem Satz, dessen sprachliches Handlungspotential das einer *Assertion* zu sein scheint.

Verweilen wir hier einmal kurz. Was bedeutet das, wenn ein Sprachwissenschaftler seine Analysekriterien zur Norm erhebt? Dies bedeutet, dass der Sprachwissenschaftler nicht mehr sprachliche Wirklichkeit zu beschreiben versucht, sondern sagt, wie sprachliche Wirklichkeit zu sein hat. Diese Position hat mehrere gängige Charakterisierungen: z. B. „es kann nicht sein, was nicht sein darf" oder „umso schlimmer für die Wirklichkeit". Dies ist das Schlimmste, was man einem Wissenschaftler überhaupt vorwerfen kann. Grießhaber tut dies hier mit großer sprachlicher Eleganz. Aber die Illokution ist unverkennbar: Es handelt sich um einen *Vorwurf*, der sozusagen assertiv getarnt ist. Grießhaber wirft Wunderlich vor, genau das Gegenteil von Wissenschaft zu betreiben.

Ich fasse zusammen: Wie wir gesehen haben, sind wissenschaftliche Texte keine informativen Texte. Vielmehr zielen die Autoren mit ihren Texten darauf ab, neues Wissen in der Gemeinschaft der Wissenschaftler durchzusetzen. Die sprachlichen Mittel, mit denen dies erfolgt, sind zwar vorwiegend aus der Gemeinsprache geschöpft, aber dennoch hochkomplex, wie sich dies z. B. in ihrer Syntax zeigt: „sich der Diskussion eines Problems zu entziehen wissen". Diese *eristischen Strukturen* (Ehlich 1993) sind in assertive Strukturen so eingearbeitet, dass sie – vor dem Hintergrund der wissenschaftlichen Streitsituation – illokutionsmodifizierend wirken. Was wie eine unschuldige Assertion aussieht, kann der härteste Vorwurf sein.

Setzen wir uns nun mit studentischen Annäherungsversuchen an Wissenschaft auseinander.

3. Studentische Annäherungsversuche

An deutschen Universitäten wird vor allem in den Geisteswissenschaften großer Wert auf diskursive Wissensvermittlung gelegt. Neben Vorlesungen spielen hierbei vor allem Seminare eine zentrale Rolle, in denen wissenschaftliche Literatur gelesen und diskutiert wird. Aus diesen Zusammenhängen, also der diskursiven Auseinandersetzung mit Wissenschaft und ihren Texten, sollen dann, ohne dass diesbezüglich ein eigentliches Schreibtraining vorgesehen ist, die studentischen Qualifikationsarbeiten, also Seminar- und Magisterarbeiten, entstehen. Dass diese ihre Entwicklungszeit brauchen, ist uns allen bekannt und in jüngeren Untersuchungen, etwa Pohl (2007), Steinhoff (2007) und Stezano-Cotelo (2008) auch systematisch untersucht worden. Insbesondere in den Arbeiten von Pohl und Steinhoff scheint mir ein Aspekt etwas zu kurz zu kommen, der eingangs in den Auszügen aus wissenschaftlichen Texten angesprochen worden ist: Die sprachliche Qualität wissenschaftlicher Texte, sozusagen ihr spezifischer „Stil", ist der Tatsache geschuldet, dass ihre Autoren ein neues Wissen, von dessen Wahrheit sie selbst überzeugt sind, in einer Community durchsetzen möchten, die von der Wahrheit dieses neuen Wissens nicht notwendigerweise überzeugt ist. Die eristische Qualität dieser Texte verbirgt sich hinter scheinbar assertiven Strukturen. Studierende müssen also in ihrem Studium irgendwann einsehen, dass wissenschaftliches Wissen grundsätzlich strittig ist und es wird von ihnen verlangt, dass sie eigene wissenschaftliche Erkenntnisinteressen entwickeln. Hierzu müssen sie lernen, die wissenschaftlichen Texte, die ihnen im Studium begegnen, nicht als informative, sondern als wissenschaftliche Texte zu lesen.

Wenn ich nun einige studentische Annäherungsversuche an wissenschaftliches Schreiben diskutiere, so soll dies zu dem Zweck geschehen, die Bereiche des jeweiligen Scheiterns nicht nur aufzuzeigen, sondern auch zu rekonstruieren. Die Belege stammen, wenn nicht anders angegeben, aus Magisterarbeiten, die an den Professuren für Germanistische Sprachwissenschaft und Deutsch als Zweit- und Fremdsprache der Technischen Universität Chemnitz entstanden sind.

3.1 Schwierigkeiten im gemeinsprachlichen Bereich

Wie wir gesehen haben, ruht Wissenschaftssprache auf der Gemeinsprache auf. Den gemeinsprachlichen Anteilen wissenschaftlicher Texte kommt somit eine besondere Bedeutung zu. Wenn sich in diesem Bereich in studentischen Arbeiten Schwierigkeiten zeigen, so bedarf dies einer besonderen Würdigung und Interpretation. Im Folgenden haben wir es mit einem Problem zu tun, das sich zumindest in den Arbeiten, die ich zu Gesicht bekomme, häuft:

Beispiel (3)
„*Um die Schrift zusätzlich vom Bild abzugrenzen*, ist sie schwarz umrandet, sehr fett und körperlich."[1]

Die finale *um-zu*-Konstruktion bedarf einer Anbindung an ein Agens. „Schrift" ist das sicher nicht. Das Problem hierbei ist, dass eine Konstruktion, die eigentlich für die Versprachlichung eines Handlungsziels genutzt wird, nun sozusagen ein funktionales Moment einer Sache ausdrücken soll, wofür sie sich aber nicht eignet. Leider ist diese Art von Lapsus inzwischen auch vermehrt in überregionalen Tageszeitungen anzutreffen, so dass einem nichts anderes übrig bleibt, als in der Lehre darauf zu insistieren, dass die Konstruktion zumindest in der Wissenschaftssprache erhalten bleibt.

Das folgende Beispiel ist eine textkommentierende Handlung (Fandrych / Graefen 2002), die eigentlich der Leserorientierung dienen soll:

Beispiel (4)
„*Die Arbeit hat ihren Dienst erfüllt*, wenn jugendsprachliche Elemente in Medientexten erkannt wurden und gezeigt werden kann, inwiefern die darin enthaltenen Tabubrüche, der provokante Sprachgebrauch sowie die schamlose Überinszenierung vorrangig für kommerzielle Absichten *zunutze gemacht werden*."

Wir sehen: Einen Dienst kann man nur versehen, nicht erfüllen. Die reflexive Konstruktion „sich etwas zunutze machen" ist nicht passivfähig. Was hier passiert, sind Verstöße in einem Bereich, der mit „Phraseologismen" oder „Kollokationen" nur ungenügend beschrieben ist. Syntagmen wie „einen Zweck erfüllen" oder „sich etwas zunutze machen" sind ursprüngliche Problemlösungen für einen Ausdrucksbedarf, der einmal neu war und für den sich diese Wendungen als zweckhaft erwiesen haben. Wir sehen nun, dass diese „stillen Ressourcen" der Wissenschaftssprache, wie sie Ehlich (2001) genannt hat, auch bei Muttersprachlern

---

[1] Hervorhebungen hier und im Folgenden durch den Verfasser.

nicht mehr selbstverständlich vorausgesetzt werden können. Hier werden Universitäten wohl in Zukunft einen Teil dessen zu leisten haben, was einer Deutschdidaktik auf konstruktivistischen Abwegen (Grimm 2008) in den Schulen zum Opfer fällt.

Ein weiteres Beispiel für einen kollokativen Zusammenbruch ist folgendes Textstück:

Beispiel (5)
„*Eine detaillierte Auskunft* darüber, zu welchem spezifischen Thema sie anruft, *wird bis dahin nicht genannt* […]."

Hier haben wir es wohl mit einem Resultat egozentrischen Schreibens zu tun, das nicht mehr in mehreren Revisionsschritten auf die Bedürfnisse des Lesers bezogen wurde. Der Schreiber war wohl bis zum Ende der stark attributiv ausgebauten Subjektsnominalphrase gekommen und brauchte nun noch ein Prädikat für ein sprachliches Gebilde, das sowieso nicht von vornherein als Gedanke geplant war.

Der enge Zusammenhang zwischen Wissenschaftssprache und Gemeinsprache wird an dem folgenden Beispiel besonders deutlich:

Beispiel (6)
„Die Partikel werden durch die Verteilung zu unterschiedlichen Wortarten in eine Reihe von Homonymen zerlegt, ohne dabei auf die Formeinheit zu achten."

Hier soll es wohl darum gehen, dass die Grammatikschreibung ein- und dieselbe Partikel mehreren Wortklassen zuordnet und so Homonyme kreiert. Die sprachliche Formulierung dieses Sachverhalts scheitert im Wesentlichen im gemeinsprachlichen Bereich. Die Probleme in diesem Textstück bestehen zum einen in der falschen Präposition „zu" bei der deverbalen Ableitung „Verteilung"; zum anderen in einem Infinitivsatz ohne Agensanbindung. Die – hier offenkundig von Metzgern traktierten – Partikeln achten mithin bei der ihnen widerfahrenden Verteilung und Zerlegung nicht auf die Formeinheit. Der inkorrekte Plural von „Partikel", die – falsche und sachunangemessene – Sprechweise „Verteilung zu Wortarten" sowie die ebenfalls den Sachverhalt entstellende Formulierung „die Partikel werden in eine Reihe von Homonymen zerlegt" lassen darauf schließen, dass hier versucht wurde, einen nicht verstandenen wissenschaftlichen Textabschnitt zu reformulieren.

Das Umgekehrte – also korrekte Nutzung der gemeinsprachlichen Ressourcen bei gleichzeitiger inkorrekter Nutzung wissenschaftlicher Terminologie – sieht man in dem folgenden Beispiel:

Beispiel (7)
„Trotz positiver Rahmung (Lead und letzter Abschnitt) findet *die ursprünglich positive Illokution der Nachricht, über sinkende Zahlen zu berichten*, auf textthematischer Ebene kaum Beachtung und *wird* in Verbindung mit dem Schaubild *zusätzlich negativ konnotiert*."

Textarten haben keine Illokutionen. Illokutionen können weder positiv noch negativ sein. Der Illokutionsbegriff ist so geartet, dass ein Syntagma „Illokution + attributiver Infinitivsatz" nicht möglich ist. Illokutionen können auch nicht konnotiert werden, weder positiv noch negativ.

3.2 Eristisches

Betrachten wir einmal folgende Textstellen aus wissenschaftlichen Aufsätzen:

Beispiel (8)
„[...] die Funktion des Kasus [...] ist in erster Linie syntaktisch, d. h. er drückt die Relationen im Innern des Satzes oder innerhalb gewisser Satzglieder aus." (Studer 2000, 222)

Beispiel (9)
„Der *Nominativ* ist derjenige Kasus, der m. E. grundsätzlich nicht regiert wird. [...] Im Rahmen des hier Entwickelten lässt sich sagen, dass Ausdrücke oder Phrasen im Nominativ nie Bezugsobjekte sein können." (Thielmann 2007, 30)

In (8) haben wir die Auffassung von Studer, dass Kasus syntaktische Relationen im Satz oder innerhalb von Satzgliedern ausdrückt. In (9), wo die Funktion des Nominativs beschrieben wird, liegt offensichtlich eine andere Auffassung vor. Zumindest der Nominativ drückt nie irgendeine Beziehung aus. Außerdem erkennt man, denke ich, auch an diesem kurzen Textstück eine etwas andere Perspektive auf Kasus: Die Fragerichtung besteht darin, zu untersuchen, was einer Nominalphrase (oder einem kasusfähigen Ausdruck) durch Kasusflexive eigentlich angetan wird. Es handelt sich mithin um weitgehend inkompatible Auffassungen und Betrachtungsweisen von Kasus. In einer Seminararbeit war dann Folgendes zu lesen:

Beispiel (10)
„Studer verweist darauf, dass die Funktion des Kasus hauptsächlich darin besteht, ‚die Relationen im Innern des Satzes oder innerhalb gewisser Satzglieder' auszudrücken (Studer 2000, 222). *Der Nominativ wird nicht regiert, entsprechende Nominalphrasen können kein Bezugsobjekt sein.*"

Wir haben es hier mit einem Versuch zu tun, Forschung zu referieren. Die Wiedergabe der Position von Studer erfolgt durch ein, wie ich denke, recht gut gewähltes Zitat. Aufschlussreich ist hierbei das Matrixverb „verweisen". Studer schließt sich in ihrem Text der Kasusauffassung von Wegener an, die sie auf sehr knappem Raum in äußerst transparenter Form entwickelt. Studer *verweist* also nicht auf eine Funktion von Kasus, sondern stellt eine wissenschaftliche Position hierzu dar. Bei studentischen Annäherungen an die Wiedergabe von Forschung hat man oft den Eindruck, dass die Matrixverben nach völlig äußerlichen Kriterien ausgewählt werden. An einer Stelle wie dieser steht dann etwa auch „betont", „weist darauf hin, dass", „legt dar" etc. Dies ist ein Hinweis darauf, dass den Studierenden noch nicht klar ist, was die Wissenschaftler in ihren Texten eigentlich tun. Die wissenschaftlichen Texte werden sozusagen als Steinbrüche für propositionale Versatzstücke herangezogen, aus denen man vermeintlich Geeignetes in den eigenen Text hineinmontiert, wobei die Matrixverben nach Belieben gewählt werden können, da ihnen nur eine syntaktische Scharnierfunktion zukommt.

Dem Studer-Zitat ist dann ein Satz angeschlossen, der aus zwei nicht zusammenstehenden Textstellen aus Thielmann (2007) montiert ist: „Der Nominativ wird nicht regiert, entsprechende Nominalphrasen können kein Bezugsobjekt sein". Diese Untersuchung steht auch im Literaturverzeichnis, wird aber nur einmal zitiert, und zwar nicht an dieser Stelle. Warum hat hier der Autor, der, wie man sieht, durchaus ordentlich belegen kann, den Literaturverweis unterschlagen? Es sieht ja so aus, als sei auch dieser Satz von Studer. Ich denke, dass hier Folgendes passiert ist: In irgendeiner Weise wurde hier die Unvereinbarkeit der beiden Positionen empfunden. Man wollte aber beides bringen und hat so, also durch die Unterschlagung des Literaturverweises, Unvereinbares nebeneinanderstellen können.

Wie hier das Verhältnis zur Forschung sich darstellt, sieht man noch deutlicher, wenn man sich klarmacht, aus welchen Stellen der jeweiligen Untersuchungen zitiert wurde. Wie bereits gesagt, referiert Studer zu Beginn ihrer Arbeit die – inzwischen durchaus nicht unbekannte – Forschungsposition von Wegener. Auf Basis dieser Position nimmt sie anschließend empirische Untersuchungen zum Erwerb der Kasus durch Lerner des Deutschen als Fremdsprache vor. Es ist aber unter anderem auch die Position von Wegener, die Thielmann (2007) als unzureichend charakterisiert und in Abgrenzung von der er eine neue, alternative Sicht auf Kasus entwickelt. Studer investiert die Position von Wegener als bekanntes Wissen in eine empirische Untersuchung. Thielmann setzt sich von bisherigen Kasusbetrachtungen ab und versucht, eine alternative Perspektive auf die Kasus zu entwickeln, was am Ende des Aufsatzes geschieht.

Dem Autor der Seminararbeit sind diese Zusammenhänge offensichtlich nicht klargeworden. Er hat zwei grundverschiedene wissenschaftliche Positionen, die in ihrer Verschiedenheit zu diskutieren gewesen wären, additiv nebeneinandergestellt. Er hat damit wissenschaftliche Texte nicht als wissenschaftliche, sondern als informative Texte zur Kenntnis genommen. Die eristische Dimension wissenschaftlicher Texte, und damit die Verfasstheit des wissenschaftlichen Erkenntnisprozesses selbst, bleiben hier außen vor.

Kristin Stezano (2008) hat solche Phänomene in den Seminararbeiten ausländischer Studierender ausführlich untersucht. Sie sind aber heute – und ich fürchte fast: in demselben Maße – in den Arbeiten muttersprachlicher Studierender anzutreffen.

3.3 Definitis

Die sprachliche Gestalt studentischer Annäherungen an wissenschaftliches Schreiben verrät viel über studentische Präsuppositionsbestände, über stillschweigende – und außerordentlich resistente – Vorstellungen von der Verfasstheit des wissenschaftlichen Erkenntnisprozesses. Ein sehr deutliches sprachliches Kennzeichen einer – aller Wissenschaft konträren – Auffassung von wissenschaftlichem Vorgehen zeigt sich in der Verwendung der Ausdrücke „definieren" und „Definition". Definitionen sind eigentlich Festlegungen, und zwar von Sprechweisen. Um verstanden zu werden, legt der Definierende die Bedeutung von sprachlichen Ausdrücken fest. Interessanterweise sind diejenigen Wissensgebiete, in denen dieses Verfahren am produktivsten genutzt wird, keine Wissenschaften in dem Sinne, dass sie etwas Neues über die Wirklichkeit in Erfahrung bringen wollten: Ich spreche von der Mathematik und der Jurisprudenz. Die Mathematik erschafft sozusagen ihre Gegenstände durch Definition (eine komplexe Zahl ist eine Zahl der Form a + bi, wobei i die Wurzel aus -1 ist); die Jurisprudenz bedarf solcher Präzisierungen, um diejenigen Subsumtionen vornehmen zu können, an die sich dann die Rechtsfolgen anschließen. Betrachten wir einmal einige studentische Belege:

Beispiel (11)
„Eine umfassende *Definition der Jugend* ist für die Fragestellung der Arbeit von marginaler Bedeutung."

Beispiel (12)
„Der Werbespot an sich lässt sich schwer *definieren*, da kein einheitliches Bild zum Untersuchungsgegenstand vorherrscht."

Beispiel (13)
„Der Sprachwissenschaftler Karl Bühler setzte sich in seiner ‚Sprachtheorie' 1934 erstmals umfassend mit Deixis und deiktischen Ausdrücken auseinander. Dort entwickelte er seine Zweifelderlehre, bestehend aus ‚Zeigfeld' und

‚Symbolfeld', außerdem *legte* er auch den Begriff der ‚Origo' und Arten der Deixis *fest*."

Beispiel (14)
„Im Allgemeinen besteht das deutsche Tempussystem aus Präsens, Präteritum, Perfekt, Plusquamperfekt, Futur I und Futur II. Helbig kritisiert diese Einteilung und *legt fest*, dass es im Deutschen nur zwei Tempora gibt."

Dass für eine Arbeit über Jugendsprache (11) schon die Alltagsvorstellung von Jugend unter Umständen hinreichend sein könnte, ist sicher nachvollziehbar. Interessant ist hingegen, dass für den Autor eine Präzisierung nur durch Definition zu erreichen ist. Dass man sich hierzu vielleicht einmal die Wirklichkeit ansehen könnte, um ihr angemessene Sprechweisen zu finden, ist nicht einmal angedacht.

Dass der Untersuchungsgegenstand Werbespot „an sich" definiert werden müsste (12), was dadurch erschwert wird, dass „zu ihm" kein einheitliches Bild vorherrscht, ist noch etwas bedenklicher. Hier scheint sich die Wissenschaft ihre Gegenstände selbst zu erschaffen.

Dass solche Vorstellungen tatsächlich vorherrschen, sieht man deutlich an Beispiel (13). Bühler hat in den Konzepten „Origo" und z. B. „Deixis am Phantasma" nicht Dimensionen der Sprechsituation sowie Verwendungen der Deixis begrifflich-rekonstruierend niedergelegt, sondern er hat gleich einmal festgelegt, wie die Wirklichkeit zu sein hat. Auch das Problem der Tempora im Deutschen lässt sich, wie in (14) ersichtlich, festlegenderweise in eine Lösung überführen.

3.4 Wissenschaft als Wirklichkeit

Noch viel deutlicher, als dies bei den gerade diskutierten Verwendungen von „definieren" der Fall ist, erkennt man an dem folgenden Beispiel aus einer Seminararbeit die Auffassung, dass Wissenschaft Wirklichkeit erschafft:

Beispiel (15)
„Diehl hat sich in ihrer Untersuchung insgesamt drei Komplexen zugewandt, für *welche sie Erwerbsstufen aufgestellt hat*: dem Verbalbereich, der die Tempora enthält, den Satzmodellen und den Kasus."

Bekanntlich hat die Arbeitsgruppe um Erika Diehl untersucht, ob die natürlichen Erwerbssequenzen, die für den ungesteuerten Zweitspracherwerb empirisch ermittelt wurden, auch im gesteuerten Spracherwerb auffindbar sind. Dass hier sehr aufwendige Empirie betrieben wurde, ist der Formulierung in der Seminararbeit nicht mehr anzumerken. Es wäre eine eigene Untersuchung wert, zu versuchen herauszubekommen, wie sich solche Präsuppositionen überhaupt einstellen können. Denn sie widersprechen jeglicher Lebenserfahrung. Dass die Wirklichkeit sich dem fügt, was bezüglich ihrer aufgestellt oder festgelegt wird, bedeutet ja nichts anderes, als dass es möglich ist, mit sprachlichen Handlungen direkt auf Wirklichkeit einzuwirken. Dies ist meines Wissens bisher nur dem Schöpfergott der alttestamentlichen Priesterschrift oder z. B., in begrenztem Maße, Harry Potter möglich gewesen.

3.5 Das Primat der Wissenschaft vor der Wirklichkeit

Eine noch interessantere präsupponierte wissenschaftstheoretische Grundposition findet sich in dem folgenden Beleg:

Beispiel (16)
„Nicht nur die mündliche, sondern auch die schriftliche Kommunikation beruht auf einem Kommunikationsmodell."

Hier hat Wissenschaft es endlich geschafft, Wirklichkeit überhaupt erst zu ermöglichen.

4. Fazit

Wie wir gesehen haben, sind wissenschaftliche Texte nicht einfach Zusammenschriebe von neuem, als wahr erachtetem Wissen, sondern sie sind in eine Streitsituation hineingeschrieben, in der das neue Wissen gegen vorhandenes etabliert werden muss. Dies zeigt sich zum einen an bestimmten Formulierungen wie „einer Auffassung begegnen"; zum anderen wird es auch daran deutlich, dass sich – unter einer scheinbar assertiven Struktur – streittypische Illokutionen wie z. B. „Vorwurf" verbergen können.

An Textbeispielen aus wissenschaftlichen Arbeiten haben wir gesehen: Offenkundig gelingt bis zum Magistergrad die wissenschaftliche Sozialisation zum Teil nicht. An Ausschnitten aus Qualifikationsschriften ist zu sehen, dass wissenschaftliche Texte oft noch bis zum Ende des Studiums als Steinbrüche für propositionales Wissen rezipiert werden. Bedenklich stimmt in dieser Hinsicht auch, dass das Verhältnis von Wissenschaft und Wirklichkeit in vielen Arbeiten auf den Kopf gestellt wird.

Hieraus wäre für die wissenschaftliche Lehre als Konsequenz zu ziehen, dass die wissenschaftlichen Arbeiten, die die studentische Lektüre bilden, in viel stärkerem Ausmaß als bisher in Bezug auf ihre wissenschaftliche Anliegens- und Untersuchungsstruktur hin rekonstruiert werden müssen. Es geht mit anderen Worten darum, dasjenige, was einer Schreibdidaktik nur zu leicht in seiner sprachlichen Manifestation als zu vermittelnder „Wissenschaftsstil" erscheint, in seinem wissenschaftsspezifischen sprachlichen Handlungspotential ernst zu nehmen.

Ein weiterer Aspekt ist, denke ich, deutlich geworden: Ohne herausragende gemeinsprachliche Fähigkeiten können die Anforderungen wissenschaftlichen Schreibens nicht bewältigt werden. Es könnte sein, dass die Universitäten hier schon bald die Lücken schließen müssen, die ein immer weniger zielführender gymnasialer Deutschunterricht offenlässt.

Der Befund, dass eine wissenschaftliche Sozialisation herausragender gemeinsprachlicher Fähigkeiten bedarf, sollte auch für diejenigen von Interesse sein, die die universitäre Lehre auf Englisch umstellen möchten, also eine Sprache, in der es kaum ein Student mit Abitur zu solchen Fähigkeiten gebracht haben dürfte.

Literatur

Ehlich, Konrad (1993): Deutsch als fremde Wissenschaftssprache. In: Jahrbuch Deutsch als Fremdsprache 19, 13-42.

Ehlich, Konrad (2001): Stille Ressourcen. In: Wolff, Armin / Winters-Ohle, Elmar (Hrsg.): Wie schwer ist die deutsche Sprache wirklich? Beiträge der 28. Jahrestagung DaF vom 1.-3. Juni 2000 in Dortmund. Regensburg: Fachverband Deutsch als Fremdsprache, 166-190.

Fandrych, Christian / Graefen, Gabriele (2002): Text commenting devices in German and English academic articles. In: Multilingua. Journal of Cross-Cultural and Interlanguage Communication 21/1, 17-43.

Grießhaber, Wilhelm (1999): Präpositionen als relationierende Prozeduren. In: Redder, Angelika / Rehbein, Jochen (Hrsg.): Grammatik und mentale Prozesse. Tübingen: Stauffenburg, 241-260.

Grimm, Sieglinde (2008): Konstruktivistische Abwege der Deutschdidaktik und die Neurobiologie. In: Thielmann, Winfried / Tangermann, Fritz, Paul, Ingwer (Hrsg.): Standard: Bildung. Blinde Flecken der deutschen Bildungsdiskussion. Göttingen: Vandenhoeck & Ruprecht, 141-154.

Pohl, Thorsten (2007): Studien zur Ontogenese wissenschaftlichen Schreibens. Tübingen: Niemeyer.

Redder, Angelika (2002): Sprachliches Handeln in der Universität – das Einschätzen zum Beispiel. In: Dies. (Hrsg.): „Effektiv studieren". Texte und Diskurse in der Universität. Duisburg: Red. OBST, 5-28.

Steinhoff, Torsten (2007): Wissenschaftliche Textkompetenz. Sprachgebrauch und Schreibentwicklung in wissenschaftlichen Texten von Studenten und Experten. Tübingen: Niemeyer.

Stezano-Cotelo, Kristin (2008): Verarbeitung wissenschaftlichen Wissens in Seminararbeiten ausländischer Studierender. Eine empirische Sprachanalyse. München: iudicium.

Studer, Thérèse (2000): „… aber den Deutsch steht katastroffisch" – Der Erwerb der Kasus in Nominalphrasen. In: Diehl, Erika et al. (Hrsg.): Grammatikunterricht: alles für die Katz? Untersuchungen zum Zweitspracherwerb Deutsch. Tübingen: Niemeyer, 221-269.

Thielmann, Winfried (2007): Fallstudie: Kasus in Sprachtheorie und Sprachvermittlung. In: Zielsprache Deutsch 34/3, 11-34.

Wolf, Thomas (2003): Konstitution und Kritik der Wissenschaften bei Heidegger. In: Zeitschrift für philosophische Forschung 57/1, 95-110.

Sprachlich-kommunikative Handlungserfordernisse im Beruf am Beispiel der ärztlichen Niederlassung in Deutschland

Iris Fischer (Chemnitz)

1. Einleitung

Vor dem Hintergrund der steigenden Mobilität auf dem europäischen Binnenmarkt und der Globalisierung des Wirtschaftslebens hat sich der Bedarf an fach- und berufsorientierten Fremdsprachenkompetenzen in den letzten Jahren deutlich erhöht. In Deutschland herrscht schon heute ein erheblicher Fachkräftemangel, der neben anderen Maßnahmen auch durch die Akquise qualifizierter Arbeitskräfte aus dem Ausland gedeckt werden kann, wobei dies, um erfolgreich für alle Seiten zu sein, mit einer sprachlichen Weiterbildung gekoppelt sein sollte.

Der Fachkräftemangel in Deutschland hat vielfältige Gründe, die multiple Lösungsansätze erfordern. Unzweifelhaft ist, dass aus ihm ein politischer Handlungsbedarf im Bezug auf die Förderung und Anerkennung ausländischer Arbeitskräfte erwächst. Kurz genannt seien hier nur einige Desiderata, wie die Entbürokratisierung der Anerkennung ausländischer Studien- und Berufsabschlüsse, die Reformierung des Aufenthaltsgesetzes für die Arbeitsmarktzulassung ausländischer Arbeitnehmer, die Förderung von sprachlichen und nichtsprachlichen Weiterbildungsmaßnahmen für ausländische Fachkräfte oder die Finanzierung von fundierten Lehreraus- und -weiterbildungen im Fach Deutsch als Zweitsprache.

Eine besondere Herausforderung stellt das Thema jedoch für die Forschung im Fach Deutsch als Zweitsprache dar. Sicherlich können nicht alle mit dem Fachkräftemangel einhergehenden Probleme durch eine verbesserte Bedarfs- und Handlungsorientierung des Deutschunterrichts gelöst werden. Dennoch ist eine empirisch informierte DaZ-Berufsdidaktik m. E. *ein* wichtiger Schritt auf dem Weg hin zur besseren Integration nichtmuttersprachlicher Fachkräfte, indem man ihnen die erfolgreiche (sprachliche) Bewältigung des beruflichen Alltags erleichtert.

Dies trifft auch auf den Bereich Medizin zu. Der bereits 2001 prognostizierte Ärztemangel (vgl. Kopetsch 2006) sowohl in Krankenhäusern als auch in der niedergelassenen Praxis wird immer deutlicher. Indikatoren für den Ärztemangel sind u. a. das steigende Durchschnittsalter der praktizierenden Ärzte und regionale Engpässe in der medizinischen Versorgung durch fehlende Ärzte in der Niederlassung sowie stetig steigende Abwanderungszahlen. Im Jahr 2007 wanderten insgesamt 2.439 ursprünglich in Deutschland tätige Ärztinnen und Ärzte ins Ausland ab, im Jahr 2008 waren es bereits 3.065 (vgl. Bundesärztekammer 2008). Die Zahl der in Deutschland gemeldeten ausländischen Ärztinnen und Ärzte ist im Jahr 2008 um 1.350 auf 21.784 gestiegen. Das entspricht einem Anstieg von 6,6 Prozent. Die Zunahme der berufstätigen ausländischen Ärztinnen und Ärzte lag im Jahr 2008 bei 7,7 Prozent (vgl. ebd.). Die meisten ausländischen Ärzte werden allerdings in Kliniken tätig; nur wenige entscheiden sich für die Niederlassung, also die Arbeit in dem Bereich, wo der Ärztemangel am stärksten zu Tage tritt.

Von ausländischen Ärzten, die in Deutschland tätig werden möchten, wird neben der beruflichen bzw. fachlichen Qualifikation auch der Nachweis von Deutschkenntnissen gefordert. Letztere werden jedoch ausschließlich auf allgemeinsprachlichem Niveau auf der Stufe B2 des Gemeinsamen Europäischen Referenzrahmens für Sprachen verlangt. Beim deutschen Landesprüfungsamt erfolgt dann eine Fachkenntnisprüfung, die zur Approbation führt. Die Prüfung zum Zertifikat Deutsch bereitet die Ärzte jedoch nicht spezifisch auf die sprachlichen und kommunikativen Aufgaben vor, die sie in der Praxis zu bewältigen haben. Für die fach- und berufssprachliche Ausbildung müssen spezielle Kurse belegt oder Lehrwerke wie „Deutsch im Krankenhaus" (Firnhaber-Sensen / Rodi 2009) zu Rate gezogen werden. Diese sind aber tendenziell unspezifisch auf „Menschen in Heil- und Pflegeberufen" ausgerichtet. Diese vage Ausrichtung mag verkaufsfördernd wirken; die tatsächlichen sprachlichen Handlungserfordernisse der verschiedenen Berufsgruppen im medizinisch-therapeutischen Tätigkeitsfeld unterscheiden sich jedoch z. T. beträchtlich, weshalb der Nutzen für Sprachlernende, die Deutsch für einen konkreten Beruf benötigen, am Ende fragwürdig bleibt.

Die spezifischen sprachlichen Anforderungen an Ärzte im ambulanten Bereich und besonders in der niedergelassenen Praxis sind bisher kaum Gegenstand empirischer Untersuchungen für die fach- und berufsorientierte Deutschdidaktik gewesen. Die niedergelassene ärztliche Praxis ist durch besondere Komplexität gekennzeichnet, da der niedergelassene Arzt auch als Unternehmer fungiert und sich nicht im gleichen Maße wie in Kliniken angestellte Ärzte auf ein stets verfügbares Netzwerk von Kollegen, klar strukturierte Hierarchien und die institutionell geregelte Teilung der Zuständigkeit der Abteilungen, etwa in der Verwaltung, stützen kann. Im Zentrum des ärztlichen Handelns steht sicherlich die Kommunikation mit Patienten und Angehörigen; darüber hinaus müssen niedergelassene Ärzte als „Manager" einer eigenen Praxis mit verschiedensten medizinischen und nichtmedizinischen Institutionen interagieren und Verantwortung für jeden Bereich der „Institution Arztpraxis" übernehmen.

2. Bedarfsanalyse: der sprachdidaktische Blick in die Praxis

Wie kann ein gezielter „sprachdidaktischer Blick" in die Praxis geworfen werden? Dafür ist zunächst eine Bedarfs- und Handlungsanalyse im Berufsfeld zweckmäßig. Diese wird hier am Beispiel der niedergelassenen ärztlichen Praxis vollzogen und soll zur curricularen Forschung im Bereich der berufsbezogenen Deutschdidaktik beitragen.

Die Analyse orientiert sich an verschiedenen bedarfsanalytischen Modellen wie der „Communication Needs Analysis" (Kaufmann / Grünhage-Monetti 2003) oder der Kommunikations- sowie der Diskursanalyse und wird diese in für das Erkenntnisinteresse dieser Arbeit angemessener Weise anpassen und erweitern. Bedarfsanalysen im Bildungsbereich gehen zurück auf den Situations-Qualifikationsansatz von Robinsohn (1967), der darunter ein „empirisches Verfahren zur Identifizierung relevanter Lebenssituationen und der zu ihrer Bewältigung notwendigen Qualifikationen" versteht. Curricula seien demnach so zu konzipieren, dass die oben genannte Aneignung von Qualifikationen durch die Vermittlung von „Kenntnissen, Einsichten, Haltungen und Fertigkeiten" zur Bewältigung bestimmter Lebenssituationen geleistet wird (ebd., 45).

In der qualitativen Forschung ist eine Abgrenzung von Bedarfs- und Bedürfnisanalysen zu erkennen. Szablewski-Çavuş fasst diese wie folgt: „Der objektive Bedarf ist gleichzusetzen mit den kommunikativen Anforderungen im berufs- bzw. arbeitsplatzspezifischen Kontext" (Szablewski-Çavuş 2000, 18). Subjektive Bedürfnisse sind dagegen die Erwartungen, Wünsche und Motivationen der Lernenden, mit denen diese an das Fremdsprachenlernen herangehen (vgl. ebd. sowie Haider 2010).

Diese Arbeit widmet sich der Bedarfsanalyse im Sinne einer „Communication Needs Analysis". Diese „[...] emphasises communication at a specific workplace and the needs / demands arising from it for all involved partners. The focus is therefore not on the needs and deficits of individuals but on the communicative requirements of a particular 'community of practice'" (Kaufmann / Grünhage-Monetti 2003, 34). Die Aufgabe der Curriculumforschung ist es, „Methoden zu finden und anzuwenden, durch welche diese Situationen und die in ihnen geforderten Funktionen, die zu deren Bewältigung notwendigen Qualifikationen und die Bildungsinhalte und Gegenstände, durch welche diese Qualifizierung bewirkt werden soll, in optimaler Objektivierung identifiziert werden können" (Robinsohn 1967, 45).

In diesem Artikel soll beispielhaft aufgezeigt werden, wie (sprachliche) Anforderungen in einem bestimmten Berufsfeld identifiziert und durch Kontextualisierung in ihrer Funktion und Bedeutung erschlossen werden können, um daraus Konsequenzen für die berufsorientierte Deutschdidaktik abzuleiten. Als Beispiel soll ärztliches Handeln in der niedergelassenen Praxis dienen. Dabei steht der Arzt als Hauptaktant im Fokus, während das Handeln anderer Aktanten wie Patienten oder medizinischen Fachpersonals in soweit berücksichtigt und analysiert wird, wie ihr Handeln mit demjenigen des Arztes interagiert.

Im Zentrum meiner Überlegungen steht zunächst das Erfassen und Dokumentieren institutioneller Handlungsabläufe und das Verstehen der Zwecke, die mit diesen Handlungen und Abläufen verbunden sind. Dabei können methodisch ähnliche Verfahren wie beim Qualitätsmanagement zum Tragen kommen, d. h. übliche Vorgehensweisen müssen beobachtet, in zweckgemäße Zusammenhänge gebracht und durch Experten validiert werden. Im Gegensatz zum Qualitätsmanagement richtet sich das Erkenntnisinteresse aber nicht darauf, Handlungsabläufe zu normieren bzw. zu standardisieren, sondern darauf, sie in ihrer sprachlichen und institutionellen Verfasstheit zu verstehen, um Implikationen für den Fremdsprachenunterricht abzuleiten.

Dabei geht es nicht darum festzustellen, ob ein Handlungsablauf sich überall auf dieselbe Art und Weise vollzieht, sondern um das Analysieren möglichst authentischen Materials im Hinblick auf das Verstehen der Funktionen und Zwecke von Handlungsabläufen in Institutionen. Erst durch diese Kontextualisierung lassen sich daraus auch didaktische Schlüsse ziehen. Ein erster Schritt zielt also darauf, eine möglichst fundierte Kenntnis der im Berufsfeld ablaufenden Handlungen zu erlangen sowie zu untersuchen, wie diese im konkreten Fall (sprachlich) umgesetzt werden, d. h. strukturelles und prozedurales Wissen über Handlungsstrukturen im Fachgebiet bzw. im Berufsfeld zu sichern.

Aus diesem Blickwinkel sind besonders kleinere berufsspezifische Untersuchungen relevant, da auch nach Ansicht von Weber / Becker / Laue (2000, 10) groß angelegte quantitative Studien aufgrund der starken Differenzierung beruflichen und damit auch sprachlichen Handelns für die hier behandelte Fragestellung nicht zielführend sind. Ähnlich äußern sich Ross et al. (1996) für die es „keine einheitlichen branchen- oder arbeitsplatzspezifischen Tendenzen" gibt (ebd., 85). Daher fordern sie eine stärkere Ausrichtung auf qualitativ-prozessbezogene Kleinforschung, mit deren Hilfe sich authentische Profile mit relevanten Lernangeboten für spezifische Berufsgruppen erstellt werden können. Aus fremdsprachendidaktischer Sicht ist eine Analyse kommunikativer Handlungen im spezifischen Berufsfeldern, wie sie auch in dieser Arbeit angestrebt wird, unabdingbar für die Entwicklung zielgruppenorientierter Materialien, Kurse und Curricula.

Zunächst gilt es demnach zu ermitteln, wer als Zielgruppe fokussiert werden soll. Im hier beschriebenen Fall sind es nichtmuttersprachliche Ärzte, die in der Niederlassung in Deutschland tätig werden wollen. Es kann davon ausgegangen werden, dass sie aufgrund ihrer Ausbildung und Berufserfahrung bereits fach- bzw. berufsspezifische Kompetenzen mitbringen. Das vorhandene Wissen muss jedoch in neue Handlungszusammenhänge im Zielsprachenland überführt werden. Dazu gehört die Erweiterung der Kompetenzen auf verschiedenen Ebenen. Zwei erscheinen mir besonders erwähnenswert. Zum einen muss möglicherweise weiteres Fachwissen erworben werden, das im Zielsprachenland relevant wird. Hier ist beispielsweise im Falle niedergelassener Ärzte gemeint, welche diagnostischen und therapeutischen Maßnahmen im Zielsprachenland angewendet werden, welche Medikamente zugelassen sind etc. Zum anderen muss Wissen um institutionelle Abläufe im Zielsprachenland erworben werden. Hier geht es im Falle der ärztlichen Praxis zum Beispiel um Zuständigkeiten von gesellschaftlichen Institutionen für bestimmte Belange. Welche Institution ist für die Bezahlung der Ärzte zuständig? Wie wird das Honorar festgestellt und abgerechnet? Beide Elemente, die ich hier Fach- und Institutionenwissen nennen möchte, kommen beim sprachlichen Handeln zum Tragen. Sprachdidaktische Erkenntnisse können daher aus meiner Sicht durch einen möglichst genauen und detaillierten Blick auf die beiden erstgenannten Komponenten gewonnen werden.

Aus didaktisch-methodischer Sicht sind m. E. dabei zwei Aspekte wichtig: Zum einen der Blick auf die Fertigkeiten und Kompetenzen, die der Lernende benötigt, um die jeweiligen Situationen sprachlich erfolgreich zu bewältigen; zum anderen – und das erscheint mir besonders erwähnenswert, weil es bisher kaum Beachtung findet – die Bewusstmachung der institutionellen Zwecke, die damit bearbeitet werden sowie die Funktionen, die sie erfüllen.

Im Hinblick auf das Entwickeln handlungsorientierter Materialien und Aufgaben für den berufsorientierten Deutschunterricht bedeutet das: Es ist nicht ausreichend, die jeweiligen Handlungen im Berufsfeld zu identifizieren, sondern man muss sie kontextualisieren, um zu bedeutungsvollen Aufgaben für die Zielgruppe zu kommen und passende Materialien zu finden bzw. zu erstellen. Daher halte ich es für notwendig, den Fokus in der Forschung für die berufsorientierten Deutschdidaktik auch darauf zu richten, welche Funktion beispielsweise bestimmte Formulare, Gespräche, Texte etc. im institutionellen Handlungsablauf haben und zu welchem Zweck sprachliche Handlungen an einer bestimmten Stelle auftreten.

3. Die Analyse der Handlungsfelder im Beruf

Um zunächst übergeordnete Handlungsfelder zu erfassen, bin ich mit folgenden Fragen an das Berufsfeld herangetreten:

a) Welche sprachlich-kommunikativen Handlungen müssen Ärzte in der niedergelassenen Praxis im beruflichen Alltag bewältigen?
b) Wie lassen sich diese Handlungskonstellationen erfassen und einteilen (Kategoriebildung, z. B. nach Zweck, Funktion, Adressat der Handlungen)?

c) In welcher Form wird sprachlich gehandelt (Produktion, Rezeption, Interaktion)?
d) Über welches Medium werden die Handlungen typischer Weise realisiert (diskurs- oder textbasiert, bzw. mündlich oder schriftlich)?
e) Welche Arten von Texten, Dokumenten und Gesprächen kommen an welcher Stelle im Handlungsablauf vor (Formulare, Briefe, Arzt-Patienten-Gespräch, Handlungsanweisung an Mitarbeiter etc.)? Zu welchem Zweck werden sie eingesetzt?
f) Welchen sprachlichen Mitteln kommen in Texten und Gesprächen besondere Funktion im Hinblick auf die Realisierung institutioneller Zwecke zu (morphologische, syntaktische Spezifika, Termini, Abkürzungen etc.) und welche Zwecke werden durch sie realisiert?
g) Welche nicht allein sprachlichen Kompetenzen (Recherche und Informationsbeschaffung, Kommunikationsstrategien, etc.) sind für die Bewältigung einzelner Handlungskonstellationen notwendig?

Während der teilnehmenden Beobachtung in einer niedergelassenen Praxis für Pädiatrie wurden zunächst Handlungsabläufe im Praxisalltag notiert und durch qualitative Befragung der Aktanten (Arzt oder gegebenenfalls Praxispersonal) verifiziert und präzisiert. Alle Handlungsabläufe und deren Zwecke, Adressaten, Medien etc. werden dem Hauptinteresse der Arbeit gemäß im Hinblick auf die ärztliche Perspektive beschrieben.

Der erste Schritt für die Kategoriebildung bestand in der Unterscheidung zwischen Kommunikations- und Handlungsstrukturen, die praxisintern ablaufen, und solchen, die auf praxisexterne Akteure und Institutionen ausgerichtet sind. Weiterhin wurde differenziert zwischen praxisinternen und -externen Handlungsabläufen mit und ohne Patientenbezug in direkter Form. Auf diese Art ließen sich die vier unten beschriebenen Handlungsfelder herausarbeiten, deren Handlungskonstellationen als „Baukastensytem" funktionieren, d. h. auf verschiedene Art und Weise miteinander verknüpft sein können.

Die Einteilung der Felder nach „Intern" und „Extern" ist der Spezifik der Kommunikationsabläufe in der Niederlassung geschuldet. So wurde während der teilnehmenden Beobachtung festgestellt, dass in der ärztlichen Niederlassung, besonders in Hausarztpraxen, die Kommunikation nicht „an der Praxistür" endet. Ganz im Gegenteil ist der niedergelassene Arzt ständig auf den Austausch von Informationen mit praxisexternen Einrichtungen angewiesen, einerseits, um die Heilung (oder Linderung der Beschwerden) des Patienten zu erreichen und andererseits, um betriebswirtschaftliche und praxisorganisatorische Erfordernisse zu bewältigen. Um ein umfassendes Bild des beruflichen Handelns zu erlangen, lohnt daher ein Blick über die internen Abläufe hinaus.

Abbildung 1: Die vier Handlungsfelder

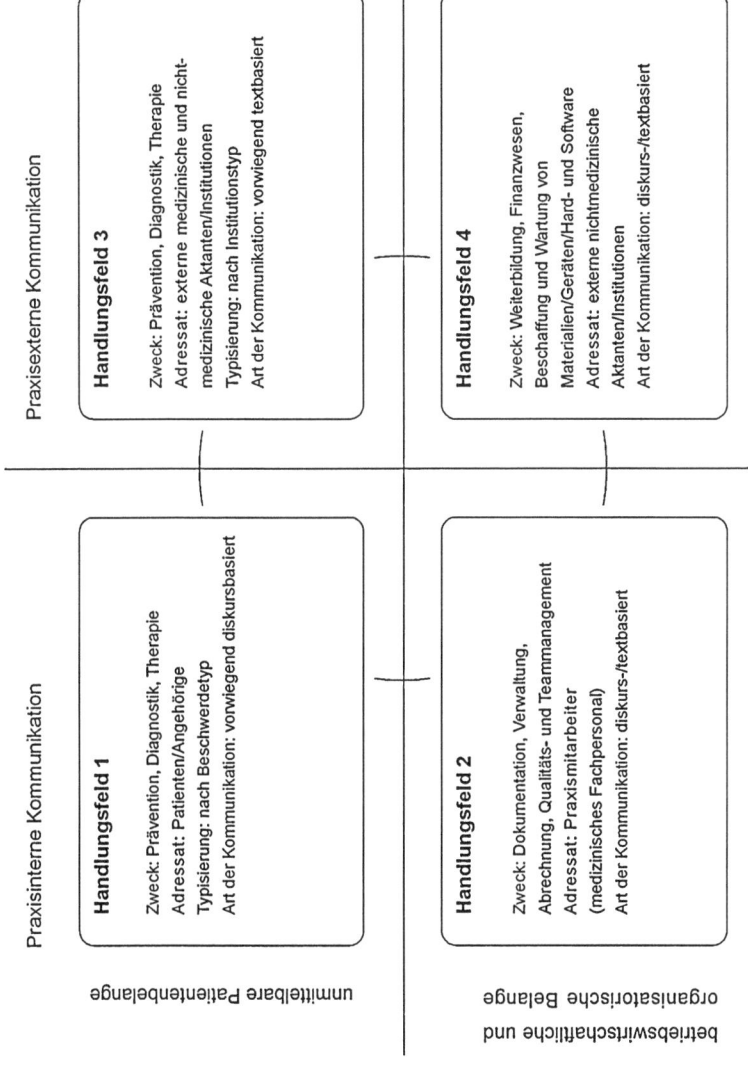

Kommunikative Handlungsabläufe in der niedergelassenen Praxis sollten demnach nicht allein daran festgemacht werden, was direkt zwischen Arzt und Patient abläuft. Dadurch entziehen sich verschiedene organisationsrelevante Handlungen der Analyse, da sie häufig „hinter den Kulissen", also jenseits der direkten, praxisinternen Arzt-Patienten-Interaktion (Handlungsfeld 1) ablaufen. In diesem ersten Handlungsfeld wurden interne kommunikative Abläufe zum Zwecke der Anamneseerhebung, Diagnosefindung, Therapieaushandlung und Dokumentation erfasst.

In Handlungsfeld 2 werden Handlungen berücksichtigt, die ebenfalls für die praxisinterne Organisation relevant werden, und nicht direkt mit patientenseitigen Belangen gekoppelt sind. Hier sind Abläufe verortet, an denen der Arzt und das Praxispersonal beteiligt sind, nicht aber der Patient. Dazu zählen im weitesten Sinne das Qualitäts- und Teammanagement, die interne Dokumentation von Patientendaten sowie die Abrechnung.

Weitere ärztliche Handlungen gehen häufig über die internen Möglichkeiten einer Arztpraxis hinaus. Das betrifft die Kommunikation mit externen Einrichtungen zur Erfüllung präventiver, diagnostischer oder therapeutischer Bedürfnisse von Patienten (Handlungsfeld 3). Darunter fällt beispielsweise das Anfordern von Laborberichten, das Schreiben von Kur- oder Heilmittelanträgen oder das Schreiben und Lesen von Epikrisen, mit denen eine externe Diagnostik oder Therapie des Patienten dokumentiert wird.

Im letzten Handlungsfeld (Handlungsfeld 4) werden weitere berufsspezifische Kommunikationserfordernisse verankert, die nicht in direktem Bezug zum Patienten stehen, sondern eher betriebswirtschaftliche, fachliche oder andere organisatorische Zwecke erfüllen. Darunter fällt das Wahrnehmen von Weiterbildungsangeboten seitens des Arztes wie zum Beispiel die Teilnahme an Tagungen und Kongressen, aber auch die Kommunikation mit Steuerberatern, kassenärztlichen Vereinigungen, Medizintechnikern und Pharmafirmen, Handwerkern etc.

4. Handlungskonstellationen und Zwecke

An dieser Stelle soll in ausdifferenzierter Form beispielhaft auf zwei der vier Handlungsfelder eingegangen werden. Der Arzt steht dabei wiederum als Hauptaktant im Zentrum. Abbildung 2 (Praxisinterne Kommunikation zwischen Arzt und Patient) gibt einen Überblick über Handlungen in der Arzt-Patienten-Interaktion, die je nach Beschwerden des Patienten im Ablauf variieren und eng mit den externen Abläufen (Abbildung 3: Kommunikation zwischen Arzt und externen Einrichtungen) verknüpft sind. Diese sind dadurch bedingt, dass der Arzt, um dem institutionell übergeordneten Zweck der Heilung nachzukommen, den Patienten zu diagnostischen, präventiven und therapeutischen Zwecken an andere medizinische und nichtmedizinische Einrichtungen weitervermitteln muss.

Das Hauptkriterium zum Erfassen der Handlungskonstellationen in den Handlungsfeldern war deren Zweck sowie die zeitliche und logische Abfolge der Handlungen im institutionellen Ablauf. Danach wurde der Hauptadressat der Handlung erfasst. Weitere Kriterien bezogen sich auf das benutzte Medium, die Textart bzw. den Gesprächstyp und die logische Verknüpfung des Handlungsablaufes mit anderen Handlungsfeldern und Ablaufmöglichkeiten. Die qualitative Befragung erfolgte leitfadengestützt. Dabei wurde Wert darauf gelegt, die Inhalte und den Verlauf der Gespräche flexibel und offen zu gestalten. Folgende Fragen wurden an den Arzt oder die Mitarbeiter je nach Bedarf während oder nach der teilnehmenden Beobachtung gestellt:

a) Zweck: Wozu dient(e) diese Handlung (z. B. das Telefongespräch etc.)? Warum läuft diese Handlung in dieser Form ab?
b) Adressat (diskursbasierte Handlung): Wer ist der Adressat? Gibt es in diesem Fall auch andere mögliche Adressaten? Wenn ja, welche und wann?
c) Medium (textbasierte Handlung): Welches Medium wird benutzt? Wozu dient dieses Medium (z. B. der Brief, der Bericht, das Formular etc.)? Könnte in diesem Fall auch die Nutzung anderer Medien notwendig sein?
d) Kontextualisierung: Wie kommt es üblicherweise zu dieser Handlung? Könnte dieser Handlung auch etwas anderes vorangehen? Wie läuft diese Handlung normalerweise ab? Unter welchen Bedingungen läuft die Handlung so ab? Unter welchen Bedingungen läuft sie anders ab? Was ist üblicherweise der nächste Schritt? Unter welchen Bedingungen folgt die eine oder eine andere Handlung?

Die Handlungen können auf vielfältige Weise miteinander verknüpft sein. Die folgende Grafik ermöglicht den Blick auf einen prototypischen Handlungsablauf in der niedergelassenen Praxis mit direktem Patientenbezug, bei dem der Patient an eine externe Einrichtung überwiesen wird und zur Weiterbehandlung in die Praxis zurückkommt. Die beiden zuvor skizzierten Handlungsfelder werden verknüpft. Der „Baukastencharakter" der Konstellationen wird an diesem Beispiel deutlich.

Abbildung 2: Praxisinterne Kommunikation zwischen Arzt und Patient

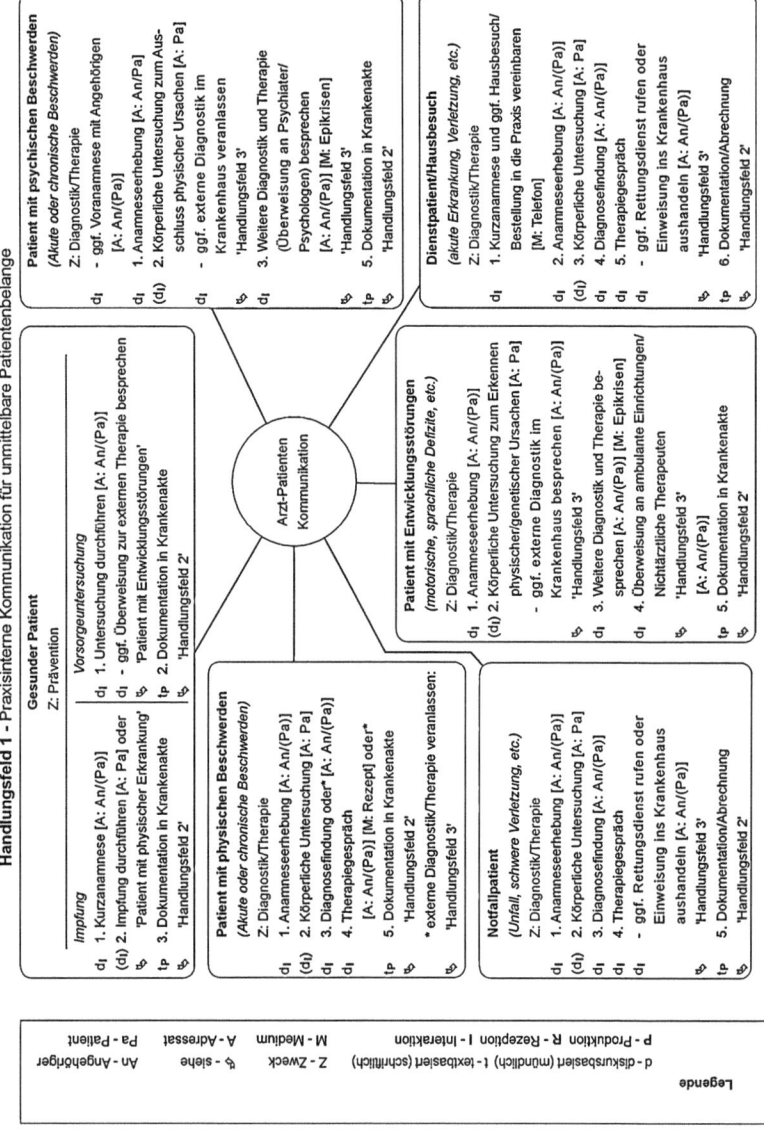

Abbildung 3: Praxisexterne Kommunikation zwischen Arzt und externen Einrichtungen

Handlungsfeld 3 - *Praxisexterne Kommunikation für unmittelbare Patientenbelange*

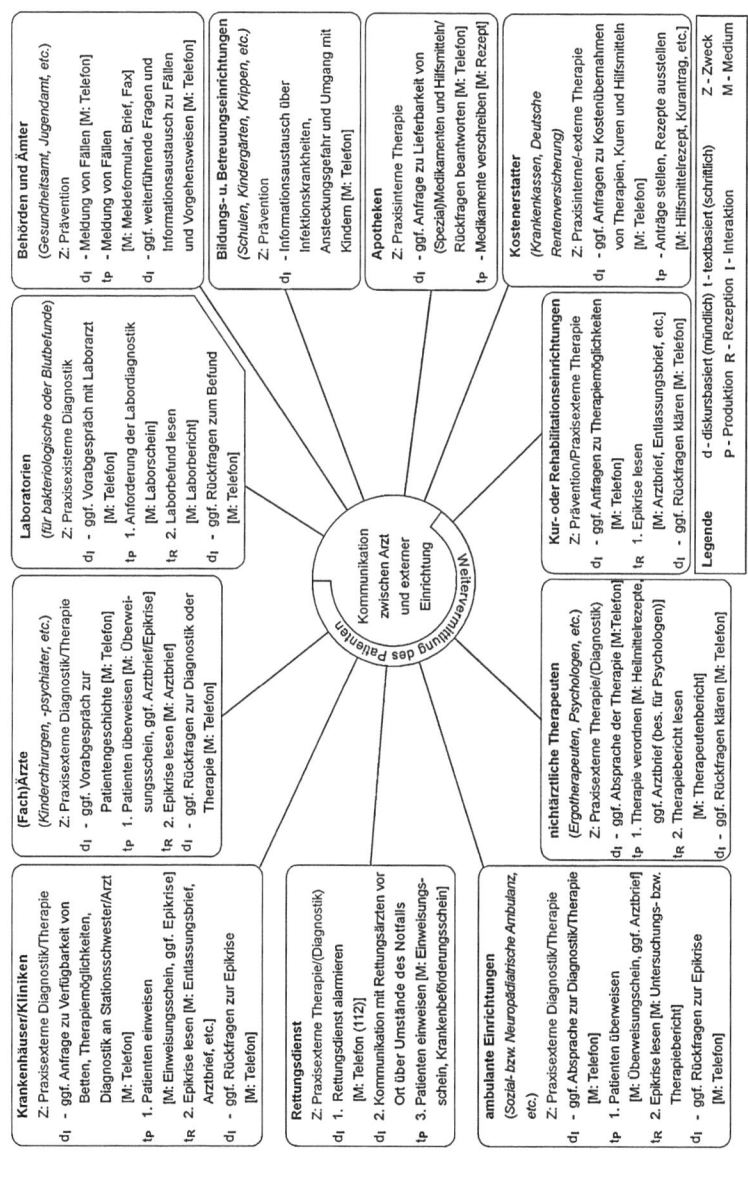

Abbildung 4: Prototypische Verknüpfung der Handlungsfelder 1 und 3

Prototypische feldübergreifende Handlungskonstellation für Patientenbelange

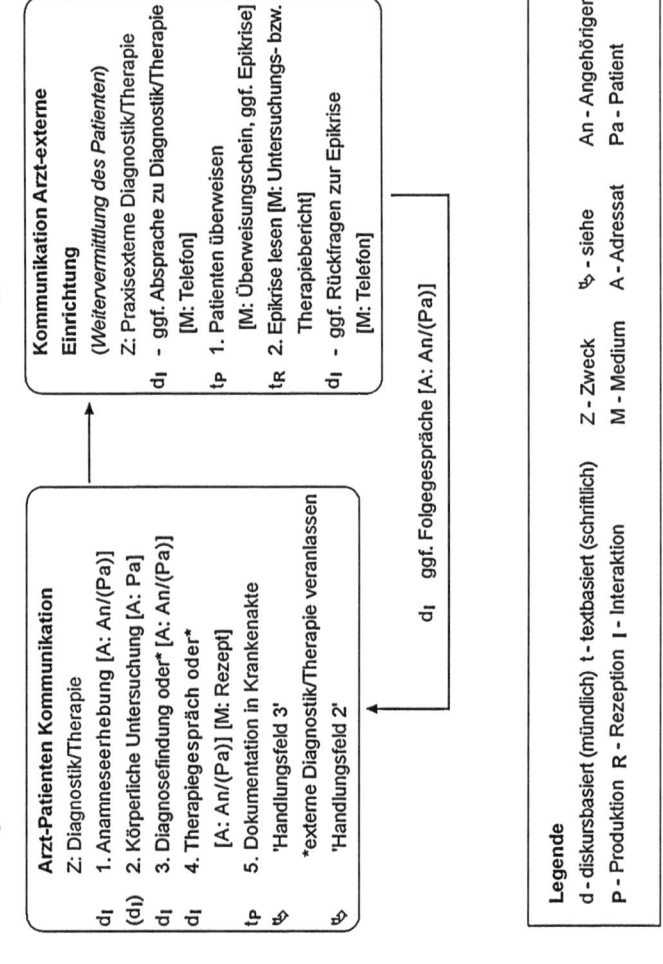

5. Ausblick: Feldübergreifende Wissensbearbeitung

Im Anschluss an das Erfassen der Handlungsfelder und institutionellen Handlungsabläufe soll ein kurzer Ausblick darauf gegeben werden, wie Wissen in der Institution Arztpraxis generiert und weiterverarbeitet wird. Dies ist für berufsdidaktische Überlegungen insofern interessant, als dass die Generierung oder Prozessierung von Wissen für das sprachliche Handeln von zentraler Bedeutung ist. Wenn Handlungsorientierung im (beruflichen) Fremdsprachenunterricht konsequent angestrebt werden soll, ist es daher notwendig, dem Weg des Wissens durch die Handlungsabläufe im Berufsfeld oder am Arbeitsplatz zu folgen.

Nachdem die Zwecke der Arbeitsabläufe auf der Makroebene erfasst sind, lohnt es sich daher, einen vertiefenden Blick auf Einzelhandlungen in ihrem Zusammenhang zu werfen. Hier wird dies am Beispiel von feldübergreifenden Wissensverarbeitungsprozessen veranschaulicht.

Der Wissensgenerierungs- und Weiterverarbeitungsprozess in der Arztpraxis kann nachgezeichnet werden, indem bestimmte Elemente im Handlungsablauf genauer in den Blick genommen werden, die in besonderem Maße als Schnittstellen für Wissen fungieren. Auch im Hinblick auf eine potentielle Unterrichtsmethodik ist es von Interesse, an einem solchen Element genauer zu prüfen, welche Fertigkeiten in welcher Ausprägung für die Bewältigung einer Situation vonnöten sind.

Bei der Arzt-Patienten-Interaktion (siehe Handlungsfeld 1) geht es arztseitig zum einen um das produktive Beherrschen verschiedener Arten des Fragens, um Wissen zu elizitieren. Zum anderen wird auch das Hörverstehen im Hinblick auf die Bewertung neuen Wissens als relevant für die Weiterverarbeitung im institutionellen Rahmen wichtig. Je nach Diskurstyp und Handlungszweck muss dabei global, selektiv oder detailliert gehört und verstanden werden. Der Arzt bildet und überprüft dabei seine Hypothesen zum Krankheitsgeschehen und entwickelt sie bis zur Diagnose weiter. Schon während der Arzt-Patienten-Interaktion oder im Anschluss an diese wird das als relevant eingestufte Wissen in der Patientenakte subsumiert und somit verdauert (Handlungsfeld 2). Bei der Wissensgenerierung geht es also um die Fähigkeit, Wissen zu elizitieren, mental z. B. im Hinblick auf eine angestrebte Diagnosestellung zu überprüfen und zu modifizieren. Welches Wissen schließlich in der Krankenakte in welcher Form dokumentiert wird, muss immer schon im Hinblick auf die mögliche Weiterverarbeitung des Wissens für weitere institutionelle Zwecke im Handlungsablauf betrachtet werden. Um ein Verständnis für diese zu entwickeln, sollen die Wege erfassen werden, die Informationen im Weiteren nehmen. Hier bietet sich die Patientenakte als zentrales Instrument zur Verwaltung von Wissen in der ärztlichen Praxis als Beispiel an. Im Folgenden sollen die Funktion der Patientenakte bei der Prozessierung von

Wissen in der Institution Arztpraxis an Beispielen kurz charakterisiert und erste Implikationen für die berufsorientierte Deutschdidaktik abgeleitet werden.

Die Patientenakte dient als Informationsgrundlage zur Aktualisierung ärztlichen Wissens bei nahezu allen Handlungen im institutionellen Ablauf, die das ärztliche Handeln im Bezug auf den Patienten direkt oder indirekt betreffen. In jüngerer Zeit werden Patientenakten meist in elektronischer Form geführt.

Handlungsfeld 1: Vor dem Arzt-Patienten-Gespräch kann die Patientenakte zur Vorbereitung auf die (Folge-)Anamnese und damit zur Aktualisierung des Wissens über die Krankengeschichte zu Rate gezogen werden. Auch während der Gespräche kann sie vom Arzt konsultiert werden, z. B. bei patientenseitigen Rückfragen zu vorher gestellten Diagnosen, Medikamenten, Impfungen etc. Des Weiteren kommt sie bei der Überprüfung arztseitiger Hypothesen zum Einsatz, indem z. B. frühere Befunde, Therapien, Medikamente etc. eingesehen werden können. Beim Ausstellen von Rezepten oder bei anderen therapeutischen Maßnahmen kann die Patientenakte ebenfalls wichtige Hinweise auf bereits eingenommene Medikamente, Unverträglichkeiten und Allergien geben.

Handlungsfeld 2: In jedem Falle wird die Patientenakte Grundlage für die Abrechnung der ärztlichen Leistung sein. Hierbei werden die einzelnen Tätigkeiten des Arztes am Patienten, wie vorgenommene diagnostische und therapeutische Maßnahmen nach einem komplizierten und augenscheinlich ständig im Wandel begriffenen Nummernsystem – festgelegt in der Amtlichen Gebührenordnung für Ärzte (GOÄ) – verschlüsselt.

Handlungsfeld 3: Eine weitere Situation, bei der ein Rückgriff auf die Krankenakte notwendig werden kann, ist das Verfassen von Epikrisen im Überweisungsfall, d.h. wenn eine externe Diagnostik oder Therapie für den Patienten veranlasst wird. Nicht in jedem Fall muss der Wissensaustausch dabei über Arztbriefe funktionieren. Bei Routineüberweisungen reicht das Ausfüllen des Überweisungsformulars mit der verschlüsselten Diagnose und dem Auftrag an den Empfänger. Auch beim Stellen von Anträgen für Kuren oder besondere Heilmittel, kann auf den in der Patientenakte verdauerten Wissensbestand zugegriffen werden.

Methodisch lässt sich hieraus die Notwendigkeit der Ausbildung von Lese- und Schreibkompetenzen in Anbindung an die Bewusstmachung oben beschriebener institutioneller Zwecke ableiten, denn diese bestimmen *was wie* im Hinblick auf die Folgehandlungen und Zwecke gelesen oder geschrieben werden. Das Wissen darüber, wie Handlungen im institutionellen Kontext verankert sind und wie Wissen in einem Beruf generiert und weiterverarbeitet wird, ist m. E. eine wichtige Voraussetzung für die Entwicklung konsequent bedarfsgerechter Materialien und Kurse für einen berufsorientierten Deutschunterricht. Deshalb ist ein konsequent handlungsorientierter Ansatz auf allen Ebenen auch in der Forschung zur Berufsdidaktik unabdingbar.

Literatur

Bührig, Kristin / Durlanik, Latif / Meyer, Bernd (2000): Arzt-Patienten-Kommunikation im Krankenhaus – konstitutive Handlungseinheiten, institutionelle Handlungslinien. Arbeiten zur Mehrsprachigkeit, Folge B, Ausgabe 2/2000. Hamburg: Germanistisches Seminar der Universität Hamburg.

Bundesärztekammer (2008): Ärztestatistik der Bundesärztekammer zum 31.12.2008. Auswertung der statistischen Zahlen. Online unter: http://www.bundesaerztekammer.de/page.asp?his=0.3.5008, letzter Zugriff: 24.03.2010.

Ehlich, Konrad (1993): Sprachliche Prozeduren in der Arzt-Patienten-Kommunikation. In: Löning, Petra / Rehbein, Jochen (Hrsg.): Arzt-Patienten-Kommunikation. Analysen zu einem interdisziplinären Problem. Berlin et al.: de Gruyter, 67-90.

Firnhaber-Sensen, Ulrike / Rodi, Margarete (2009): Deutsch im Krankenhaus. Berufssprache für ausländische Pflegekräfte. Lehr- und Arbeitsbuch. Berlin et al.: Langenscheidt.

Haider, Barbara (2010): Deutsch in der Gesundheits- und Krankenpflege. Eine kritische Sprachbedarfserhebung vor dem Hintergrund der Nostrifikation. Wien: Facultas.

Kaufmann, Susan / Grünhage-Monetti, Matilde (2003): Communication needs analysis. In: Grünhage-Monetti, Matilde / Holland, Chris / Halewijn, Elwine (Hrsg.): Odysseus: Second language at the workplace. Language needs of migrant workers: Organising language lerning for the vocational / workplace context. Straßburg: Council of Europe Publishing, 34-42.

Kopetsch, Thomas (2006): Bundesärztekammer-Statistik. Ärztemangel trotz Zuwachsraten. In: Deutsches Ärzteblatt 103/10, 03/06. Online unter: http://www.aerzteblatt.de/v4/archiv/pdf.asp?id=50480, letzter Zugriff: 24.8.2010.

Nowak, Peter (2010): Eine Systematik der Arzt-Patienten-Interaktion. Systemtheoretische Grundlagen, qualitative Synthesemethodik und diskursanalytische Ergebnisse zum sprachlichen Handeln von Ärztinnen und Ärzten. Frankfurt a. M.: Peter Lang.

Robinsohn, Saul B. (1967): Bildungsreform als Revision des Curriculum. Neuwied et al.: Luchterhand.

Ross, Ernst / Kern, Friederike / Skiba, Romuald (1996): Facharbeiter und Fremdsprachen. Fremdsprachenbedarf und Fremdsprachennutzung in technischen Arbeitsfeldern. Eine qualitative Untersuchung. Bielefeld: Bertelsmann.

Szablewski-Çavuş, Petra (2000): Verstehen und Verständigung in Deutsch. Grundzüge einer berufsbereichsübergreifenden Didaktik. In: Bildungsarbeit in der Zweitsprache Deutsch 2, 16-30.

Trim, John L. M. et al. (2001): Gemeinsamer europäischer Referenzrahmen für Sprachen. Lernen, lehren, beurteilen. Berlin et al.: Langenscheidt.

Weber, Hartmut / Becker, Monika / Laue, Barbara (2000): Fremdsprachen im Beruf. Diskursorientierte Bedarfsanalysen und ihre Didaktisierung. Aachen: Shaker.

Die Chancen von Promovierten auf dem euroregionalen Arbeitsmarkt.
Zur Rolle der (Fach)Sprachenkompetenzen

Helena Neumannová (Liberec)

1. Einleitung

In meinem Beitrag möchte ich einige Teilergebnisse aus dem Projekt „Netzwerk Hochschulstudium in der Euroregion Neiße" liefern. Dieses Projekt wurde vom Akademischen Koordinierungszentrum in der Euroregion Neiße (ERN) durchgeführt und im Rahmen des Ziel 3-/Cíl 3-Kleinprojektefonds aus EU-Mitteln finanziert. Die Förderungszeit des Projektes betrug ein Jahr, die Forschungsarbeiten wurden im Laufe des Jahres 2010 durchgeführt.

Unser Vorhaben sollte an die Forschungsergebnisse der in den vergangenen Jahren an der Technischen Universität Liberec (TUL) durchgeführten Projekte anknüpfen, die sich die Analyse der Einstiegsbedingungen der Hochschulabgänger der Bakkalaureats- und Magisterprogramme mit wirtschaftlicher Ausrichtung auf dem regionalen Arbeitsmarkt zum Ziel gesetzt hatten. Damit wollte das Projektteam eine solide Datenbasis schaffen, um in weiteren Analysen feststellen zu können, inwieweit die Absolventen tertiärer Bildungseinrichtungen Chancen haben, unter den spezifischen Bedingungen des regionalen Arbeitsmarktes erfolgreich in das Berufsleben einzusteigen.

Es gibt diesbezüglich viele offene Fragen, die mit den Erwartungen und Ansprüchen sowohl der Arbeitgeber als auch der Absolventen eines Promotionsstudiums zusammenhängen:

Werden die Absolventen eines Promotionsstudiums auf dem Arbeitsmarkt benötigt?

Kann der Arbeitgeber die Qualifikation von Hochschulabsolventen mit verschiedenen Abschlüssen unterscheiden?

Was gehört zu den Schlüsselqualifikationen der Absolventen eines Promotionsstudiums?

In welchen Branchen kann ein Doktortitel eine Rolle spielen?

Welche Kompetenzen werden von den Absolventen eines Promotionsstudiums erwartet?

Werden von der Hochschule die richtigen Kompetenzen vermittelt?

Inwiefern werden die Absolventen eines Promotionsstudiums von den Hochschulen auf die realen Arbeitsbedingungen des Arbeitsmarktes vorbereitet?

Mit welchen Vorstellungen gehen die Absolventen eines Promotionsstudiums in die Praxis?

Welche Rolle spielen die Fremdsprachkompetenzen der Absolventen auf dem Arbeitsmarkt?

Welche Sprachfertigkeiten sind im Berufsalltag besonders gefragt?

Welche Chancen haben die Absolventen des Promotionsstudiums an der TUL auf dem euroregionalen Arbeitsmarkt in der Euroregion Neiße?

Als Antwort auf diese Fragen sollen hier einige Teilergebnisse präsentiert werden. Die vollständige Veröffentlichung der Datenevaluierung ist nach dem Projektablauf für Ende 2011 vorgesehen.

2. Ziele des Forschungsvorhabens

Das Projektteam setzte sich die Analyse der Situation der Absolventen eines Promotionsstudium an der TUL, die sich nach Studienabschluss mit den Bedingungen des euroregionalen Arbeitsmarktes auseinandersetzen und den Erwartungen der Firmen gerecht werden müssen, zum Ziel. Man muss dabei die Spezifika des Arbeitsmarkts in der Euroregion Neisse-Nisa-Nysa im Auge behalten. Es handelt sich um ein begrenztes Gebiet, in dem Absolventen aus drei Nationen (Tschechien, Deutschland, Polen) miteinander konkurrieren; die meisten von ihnen wollen nach dem Hochschulabschluss auch in dieser Region bleiben. Es gibt hier eine relativ hohe Anzahl von Unternehmen bzw. Firmen mit ausländischem Kapitalanteil, in denen Fremdsprachenkenntnisse bzw. Fremdsprachenkompetenzen von Bedeutung sind.

Eine grenzüberschreitende Zusammenarbeit der Firmen ist durch die geographische Lage des Bezirkes Liberec sowie die Existenz der Euroregion Neisse-Nisa-Nysa praktisch vorgegeben. Angebote hinsichtlich einer Zusammenarbeit gehen vor allem von deutschen Unternehmen und Firmen aus. Eine große Anzahl tschechischer Studierender ist daran sehr interessiert; gerade bei diesen Firmen würden viele von ihnen gerne ihren künftigen Arbeitsplatz haben und eine berufliche Karriere starten – dies umso mehr, als die Arbeitslosenquote im Bezirk Liberec zwischen März 2008 und März 2009 von 5,9 auf 9,7 Prozent gestiegen ist (Český statistický úřad 2011).

Seit 1995 steigt die Anzahl der Personen mit tertiärer Ausbildung, die aktiv am Arbeitsprozess in allen Branchen der tschechischen Wirtschaft teilnehmen. Am höchsten ist ihr Anteil im Schulwesen (50 Prozent aller Beschäftigten), in der Immobilienbranche, im Dienstleistungsbereich für Unternehmen und im Bereich Forschung / Entwicklung (mehr als 30 Prozent aller Beschäftigten) sowie im Banken- und Versicherungswesen, in der öffentlichen Verwaltung und im Sozialwesen (mehr als 25 Prozent aller Beschäftigten) (Úlovcová 2009, 10). In den 34 Mitgliedsstaaten der Organisation für wirtschaftliche Zusammenarbeit und Entwicklung (OECD) verfügen im Durchschnitt 1,4 Prozent der Gesamtbevölkerung über einen Doktortitel oder eine ähnliche wissenschaftliche Qualifizierung (ISCED-Level 6: Tertiäre Bildung, Forschungsqualifikation). In Finnland, Deutschland, Portugal, Schweden, Großbritannien und in der Schweiz sind es 2 Prozent, in der Tschechischen Republik dagegen nur 1,2 Prozent (Kleňhová / Šťastnová / Cibulková 2008, 33).

Es darf allerdings nicht vergessen werden, dass in diesen Zahlen auch die ausländischen Studierenden erfasst werden, die ihren Abschluss nicht im Heimatland erlangen wollen. Insbesondere in Deutschland, in Großbritannien und in der Schweiz sind 30 Prozent aller Studierenden, die eine wissenschaftliche Karriere anstreben, Ausländer. In diesen Ländern ergeben sich dadurch höhere Prozentzahlen hinsichtlich der Promovierten, in anderen – wie der Tschechischen Republik – wiederum niedrigere.

3. Forschungsmethoden, Zielgruppen

Das entsprechende Projekt an der TUL kann als ein interdisziplinäres Projekt betrachtet werden. An der Aufgabenlösung beteiligen sich der Lehrstuhl für Fremdsprachen und der Lehrstuhl für Informatik. Mit Hilfe von zwei Fragebögen – einem für die Unternehmen im tschechischen Teil der Euroregion Neisse-Nisa-Nysa und einem für die Studierenden im Promotionsstudium an der TUL – wurden Daten gesammelt, mit der Datenanalyse und -auswertung wurde der Lehrstuhl für Informatik beauftragt. Um die Ergebnisse plastischer darstellen zu können, werden sie anhand von Grafiken und Tabellen präsentiert.

Der *Firmenfragebogen* enthielt 25 Fragen. Dabei wurden die von den Firmen erwarteten Kompetenzen der Absolventen abgefragt. Von ca. 300 befragten Unternehmen reichten 130 einen ausgefüllten Fragebogen ein. Die angeschriebenen Unternehmen stammten aus dem staatlichen, privaten, öffentlichen oder gemeinnützigen Sektor, die Anzahl der beschäftigten Mitarbeiter ist schwankte stark zwischen 10 und 5000 Angestellten.

Den *Fragebogen für Doktoranden* beantworteten insgesamt 150 Studierende, davon 75 Studenten und 75 Studentinnen. Es wurden ebenfalls die an der Universität im Promotionsstudium erworbenen Fachkompetenzen abgefragt. Besondere Aufmerksamkeit wurde dabei dem Erwerb von Fremdsprachenkompetenzen gewidmet. An der Befragung nahmen Doktoranden von sechs Fakultäten der TUL teil: der Ökonomischen Fakultät, der Natur- und geisteswissenschaftlichen und pädagogischen Fakultät, der Fakultät für Maschinenbau, der Fakultät für Textilwesen, der Fakultät für Mechatronik und der Fakultät für Architektur.

Die Fragebögen wurden den Befragten elektronisch zugeschickt, der Befragte konnte von den gebotenen Varianten jeweils eine zutreffende Antwort auswählen.

4. Teilergebnisse des Forschungsprojekts

Einige Ergebnisse der Befragung sollen zunächst grafisch präsentiert und anschließend kurz kommentiert werden:

Abb. 1: Die von den Unternehmen erwarteten Schlüsselkompetenzen der Absolventen eines Promotionsstudiums

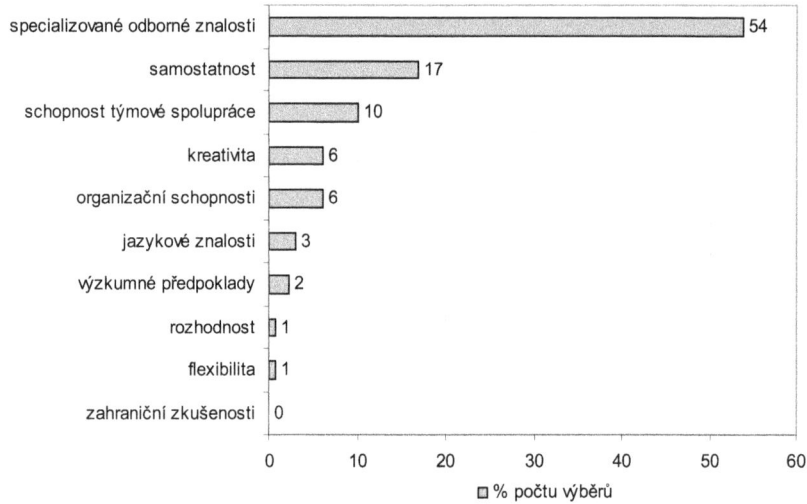

Erläuterungen: Zahraniční zkušenosti = Auslandserfahrungen, Flexibilität = flexibilita, rozhodnost = Entschlussfreudigkeit, výzkumné předpoklady = Wissenschaftlichkeit, jazykové znalosti = Fremdsprachenkenntnisse, organizační schopnosti = Organisationsfähigkeit, kreativita = Kreativität, schopnost týmové spolupráce = Teamarbeit, samostatnost = Selbständigkeit, specializované odborné znalosti = spezialisierte Fachkenntnisse

Abb. 2: Fakultäre Zugehörigkeit der befragten Studierenden

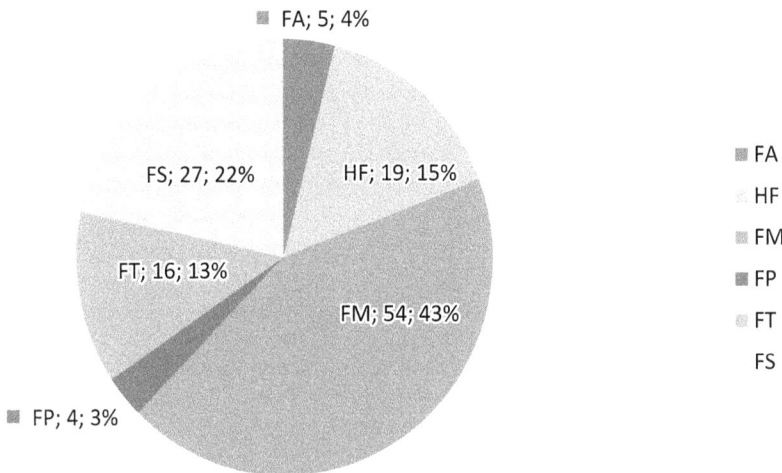

Erläuterungen: FA = Fakultät für Architektur, HF = Ökonomische Fakultät, FM = Fakultät für Mechatronik, FP = Natur- und geisteswissenschaftliche und pädagogische Fakultät, FT = Fakultät für Textilwesen, FS = Fakultät für Maschinenbau

Abb. 3: Bewertung der während des Studiums erlangten Kompetenzen

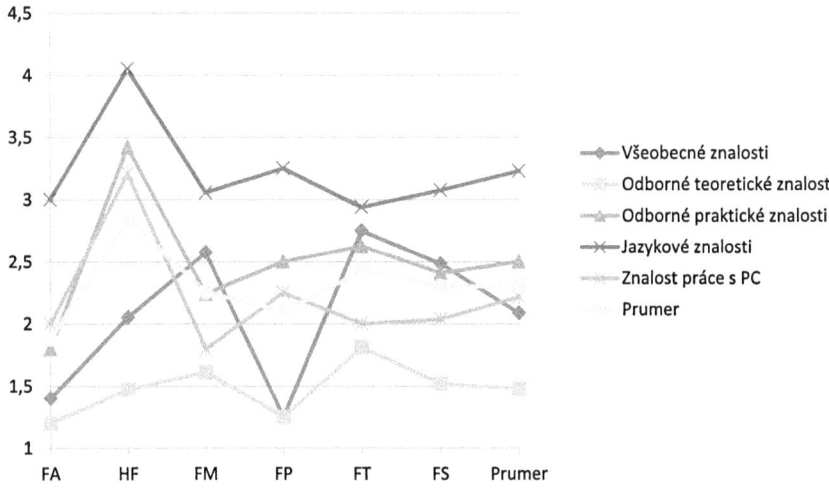

Erläuterungen: Všeobecné znalosti = Allgemeine Kenntnisse, Odborné teoretické znalosti = Theoretische Fachkenntnisse, Odborné praktické znalosti = Praktische Fachkenntnisse, Jazykové znalosti = Sprachkenntnisse, Znalost práce s PC = PC-Kompetenz, Průměr = Durchschnittsnote

Abb. 4: Art der während des Studiums erworbenen Kompetenzen

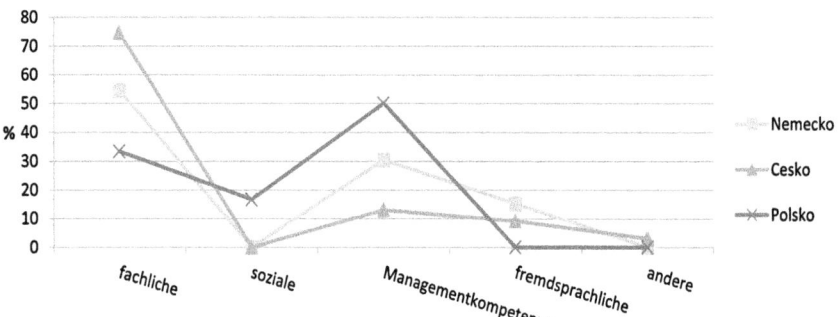

Abb. 5: Schlüsselkompetenzen der Promovierten

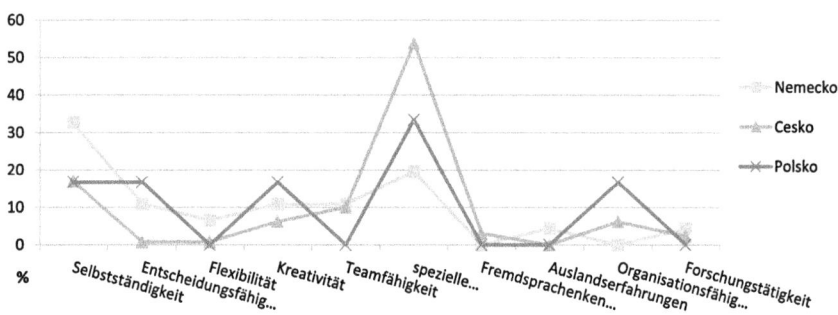

Von den im Management der Firmen tätigen Absolventen werden besonders Fachkompetenzen, Fachkenntnisse, Selbständigkeit, Kreativität bzw. solche Kompetenzen erwartet, die als *soziale Kompetenzen* bezeichnet werden: Umgang mit den Mitarbeitern, Fähigkeit zur Teamarbeit etc. Demgegenüber kann man erkennen, dass den theoretischen Fachkenntnissen während des Hochschulstudiums die meiste Zeit gewidmet wird, was allerdings im Widerspruch zu den Erwartungen der Unternehmen steht. Diese verlangen v. a. praxisorientierten Kenntnisse. Besonders positiv werden von den Unternehmen praktische Erfahrungen geschätzt, die in einer realen Firma unter realen Bedingungen bzw. im Ausland erworben wurden.

Der Fremdsprachenunterricht während des Doktorstudiums wurde von den Doktoranden mit der Durchschnittsnote 3 benotet, was nicht als zufriedenstellend zu bezeichnen ist. Dieses Ergebnis ist u. a. auch dadurch beeinflusst worden, dass viele Befragte den fehlenden Fremdsprachenunterricht im Seminarangebot des Promotionsstudiums moniert und demzufolge in ihren Antworten eine gewisse Unzufriedenheit zum Ausdruck gebracht haben. Die kritischsten Beurteilungen kommen dabei von den wirtschaftlich orientierten Fachrichtungen, die während des Magisterstudiums sechs Wochenstunden Fremdsprachenunterricht hatten und diesen gerne auch im Promotionsstudium fortsetzen würden.

5. Fazit

Die präsentierten Teilergebnisse zeigen, dass die Erwartungen von Firmen und Absolventen in vielen Bereichen nicht übereinstimmen. Dies mag auch daran liegen, dass nur 24 von 130 Unternehmen angaben, über die Inhalte von für sie interessanten Promotionsstudiengängen vollständig informiert zu sein. 49 Firmen verfügten demnach über Teilinformationen, 23 über gar keine.

Die Schwerpunkte der tertiären Ausbildung liegen aus Sicht der Unternehmen auf dem Erwerb theoretischer Kenntnisse, d. h. die Hochschulabgänger weisen ein Defizit bei den praxisnahen Kenntnissen auf. Von den Absolventen des Promotionsstudiums werden primär Fachkenntnisse erwartet (75 Prozent der Unternehmen gaben dies an), es folgen Managerkompetenzen (13 Prozent) und Fremdsprachenkompetenzen (9 Prozent). Entsprechend verhalten sich die Erwartungen bei den erwarteten Schlüsselkompetenzen: spezialisierte Fachkenntnisse (74 Prozent), Selbständigkeit (17 Prozent), Fähigkeit zur Teamarbeit (10 Prozent) und Sprachkenntnisse (3 Prozent [!]) werden genannt. Gefragte Managerkompetenzen sind hauptsächlich die Fähigkeit, richtige und schnelle Entscheidungen zu treffen (54 Prozent) sowie Sachlichkeit (30 Prozent).

Die Sprachkompetenzen der Mitarbeiter in den befragten Firmen sind vor allem für geschäftliche Verhandlungen (57 Prozent) und dienstliche Auslandsaufenthalte (13 Prozent) gefragt. Die Auslandskontakte sind für die Unternehmen sehr wichtig: 80 von 130 Firmen gaben dauerhafte Kontakte an, 17 häufige Kontakte, 22 gelegentliche Kontakte. Eine Unterstützung von entsprechenden Weiterbildungsmaßnahmen der Mitarbeiter während des Arbeitsprozesses erfolgt jedoch nur in geringem Maße. Einige Arbeitgeber gewähren finanzielle Vorteile (15 Prozent) oder mehr Urlaubstage (16 Prozent), andere bieten gar keine Vergünstigung an (20 Prozent). Sind die Unternehmen an der Weiterbildung also nicht besonders interessiert?

Die Besetzung neuer Arbeitspositionen erfolgt in den befragten Firmen hauptsächlich durch die eigene Personalabteilung (58 Prozent), teilweise in Kooperation mit Vermittlungsagenturen (38 Prozent). Eine absolute Minderheit verlässt sich hier allein auf Agenturen (2 Prozent) oder nutzt andere Möglichkeiten wie z. B. das Internet (2 Prozent).

Aus der Sicht des Absolventen eines Promotionsstudiums stellt sich die Situation folgendermaßen dar: Als während des Hochschulstudiums trainierte Schlüsselkompetenzen werden Selbständigkeit, Kreativität und Fremdsprachenkompetenz angegeben. Selbständigkeit, Flexibilität und die Arbeit mit bibliographischen Daten werden als genügend / ausreichend trainiert eingeschätzt – Fremdsprachenkompetenzen, die Fähigkeit zur Teamarbeit, Kreativität und Präsentationsfähigkeit hingegen als ungenügend / nicht ausreichend trainiert. Bei der Möglichkeit der Beurteilung von Vorlesungen und Seminaren während des Studiums (Qualität der Vorlesungen und Seminare, Umgang der Dozenten mit den Studierenden, Teilnahme an Projekten, Publikationsmöglichkeiten, Diskussionsmöglichkeiten) gaben die Studierenden der Fakultät für Textilwesen tendenziell eine negative, die Studierenden der Natur- und geisteswissenschaftlichen und pädagogischen Fakultät eine tendenziell positive Bewertung. Die schlechtesten Noten erhielt die allgemeine Qualität der Vorlesungen und Seminare [!], die besten Noten der Umgang der Dozenten mit den Studierenden.

61 Prozent der Absolventen hoffen darauf, einen Arbeitgeber im produzierenden Gewerbe zu finden. 34 Prozent wollen in einem staatlichen Unternehmen arbeiten, 22 Prozent im Dienstleistungsbereich. Allgemein gilt die Regel, dass Hochschulabsolventen im Vergleich zu Absolventen aus dem sekundären Bereich bei der Suche nach einer Arbeitsstelle größere Chancen haben. So ist es auch auf dem tschechischen Arbeitsmarkt. Die Ausbildung ist also ein wichtiger Beschäftigungsfaktor. Besonders mit zunehmendem Alter haben die Arbeitsuchenden mit einem tertiären Abschluss eine größere Beschäftigungschance. In der Tschechischen Republik befinden sich in der Altersgruppe von 55 bis 64 Jahren 66 Prozent der Beschäftigungsfähigen mit entsprechendem Abschluss in einem

Arbeitsverhältnis. Bei denjenigen mit höherer sekundärer Ausbildung sind es 52 Prozent, bei denjenigen mit sekundärer Ausbildung nur 40 Prozent (Kleňhová / Šťastnová / Cibulková 2008, 37). Nicht zu vernachlässigen ist dabei jedoch die Tatsache, dass die Befragungen bereits zu einem Zeitpunkt durchgeführt wurden, zu dem sich bereits die Folgen der Wirtschaftskrise bemerkbar machten.

Literatur

Český statistický úřad (2011): Situace na trhu práce v ČR v porovnání s ostatními zeměmi EU [Die Lage auf dem tschechischen Arbeitsmarkt im Vergleich mit anderen EU-Ländern]. Praha: Český statistický úřad.

Dušánková, Olga / Procházková, Eva Ptáčníková, Naděžda / Šebestová, Lucie (2009): Statistická ročenka trhu práce v České republice. [Statistisches Jahrbuch des Arbeitsmarkts in der Tschechischen Republik]. Praha: Ministerstvo práce a sociálních věcí.

Kleňhová, Michaela / Martinec, Lubomír [Gesamtleitung] (2007): Krajská ročenka školství. [Regionales Jahrbuch der Bildung]. Praha: Ústav pro informace ve vzdělávání.

Kleňhová, Michaela / Šťastnová, Pavlína / Cibulková, Pavla (2008): České školství v mezinárodním srovnání. Stručné seznámení s vybranými ukazateli OECD. Education at a Glance 2008. [Das Tschechische Bildungssystem im internationalen Vergleich. Kurze Einführung in ausgewählte OECD-Indikatoren]. Praha: Ústav pro informace ve vzdělávání.

Martinec, Lubomír [Gesamtleitung] (2007): Motivace, aspirace, učení II. Hodnocení úrovně vzdělání v ČR s ohledem na krajovou diferenciaci. [= Motivation, Ziele, Lernen II: Auswertung des Bildungsstands in der Tschechischen Republik unter regionaler Differenzierung]. Praha: Ústav pro informace ve vzdělávání.

Menclová, Lenka / Baštová, Jarmila (2005): Vysokoškolský student v České republice roku 2005. [Hochschulstudenten in der Tschechischen Republik im Jahr 2005]. Praha: Centrum pro studium vysokého školství.

Úlovcová, Helena / Vojtěch, Jiří / Trhlíková, Jana / Chamoutová, Daniela / Skácelová, Pavla / Burdová, Jeny (2010): Uplatnění absolventů vysokých škol na trhu práce 2009. [Die Geltung von Hochschulabsolventen auf dem Arbeitsmarkt]. Praha: Národní ústav odborného vzdělávání.

Venerová, Adéla (2007): Studentské hodnocení kvality. [Studentische Qualitätsbeurteilung]. Brno: Akademické centrum studentských aktivit.

Wirtschaftsdeutsch online

Irena Vlčková (Liberec)

1. Der Weg zum Online-Unterricht am Lehrstuhl für Fremdsprachen der Technischen Universität Liberec

Lehrer werden im Schulunterricht immer mehr mit E-Learning-Angeboten konfrontiert. Mediale Kompetenzen bilden einen wichtigen Bestandteil der Qualifizierung eines Lehrers. Um elektronische Werkzeuge sinnvoll einsetzen zu können, müssen Lehrer die Arbeit mit Computern besser beherrschen als „gewöhnliche" Nutzer.

Zwei Projekte der Technischen Universität Liberec (TUL) haben es sich zur Aufgabe gestellt, die berufsbegleitende Ausbildung von Fremdsprachenlehrern auf dem Gebiet multimedialer Kompetenzen zu verbessern. Die Projekte vermitteln fachliche Fertigkeiten, fördern die Individualisierung und Differenzierung des Studiums und erhöhen die Effizienz des Lernprozesses. Sie bilden damit einen wichtigen Beitrag zum lebenslangen Lernen.

Das erste Projekt – „Elektronische Medien im Unterricht" (Laufzeit 2006 bis 2008) – wurde aus Mitteln der Europäischen Union (EU) und des Staatlichen Budgets der Tschechischen Republik finanziert. Darin wurden Lehrern im Umgang mit MS Office und E-Learning-Werkzeugen (wie dem Programm „Hot Potatoes"), im Erstellen von Webseiten und hinsichtlich der Einsatzmöglichkeiten des Internets im Unterricht geschult.

Das zweite Projekt – „Entwicklung von gemeinsamen multimediagestützten Lehr- und Studienmaterialien" (2009-2012) – wird aus Mitteln des Europäischen Fonds für Regionale Entwicklung (EFRE) sowie des Staatlichen Budgets der Tschechischen Republik finanziert und gemeinsam mit der Technischen Universität Dresden durchgeführt. Die Aufgabe des Projektes ist die professionelle Ausbildung von Fremdsprachenlehrern auf dem Gebiet der multimedialen Kompetenzen. Diese Kompetenzen ermöglichen den Lehrern die Produktion von elektronischen Lehrmaterialien und können zu einem attraktiveren Lernprozess für die Studierenden beitragen. Die angebotenen Kurse vermitteln methodische Verfahren bei der Arbeit mit elektronischen Medien.

2. Virtuelle Lernumgebungen und die Entwicklung von Lehr-und Studienmaterialien unter Verwendung der neuen Medien und Technologien

Eine virtuelle Lernumgebung (VLE) ist ein internetbasierendes System zur Ausführung oder Unterstützung von E-Learning, das Hilfsmittel für die Vermittlung von Inhalten, Kommunikation und Zusammenarbeit innerhalb eines Kurses und dessen Verwaltung beinhaltet. Sie werden auch oft als Learning Management Systems (LMS) bezeichnet.

Man kann folgenden Aktivitäten in einer VLE vornehmen: eine Kursübersicht veröffentlichen, Materialien bereitstellen, Bewertungen und Benotungen vornehmen, von Schülern erstellte oder zusammengetragene Materialien sammeln, einzelne Kurselemente oder ganze Kurse miteinander verbinden, in Echtzeit über Chat- oder Konferenzprogramme kommunizieren, einen Überblick über von Schülern eingereichte Beiträge sowie eigene Nachrichten an den Kurs erhalten etc.

Die Hilfsmittel einer VLE kategorisiert man nach ihrer Zeitstruktur (synchron oder asynchron, z. B. Chat oder E-Mail), ihrer Funktionsweise (Kommunikation oder Informationsaustausch) und ihrer Verwendung (im Unterricht, für Konferenzen, für Präsentationen).

Im Fremdsprachenunterricht werden vor allem folgende Hilfsmittel benutzt: Foren, Blogs, Wikis, Podcasts, WebQuest, VoIP (Voice over Internet Protocol), Videokonferenzen u. a. Einige dieser Hilfsmittel sollen nun näher erläutert werden.

2.1 Foren

Ein Forum ist im Kontext computervermittelter Kommunikation ein Hilfsmittel, welches den Mailverkehr zwischen einer bestimmten Anzahl von registrierten Nutzern regelt. Die Verwendung eines Forums kann verschiedene Zwecke verfolgen: Kursinhalte zu besprechen, miteinander in Kontakt zu treten und sich auch über außerfachliche Themen auszutauschen, Sitzungen und Konferenzen zu organisieren und vorzubereiten (zum Beispiel durch asynchrone Kommunikation ein synchrones Treffen via Skype oder Chat vorzubereiten) sowie eine Online-Gemeinschaft aufzubauen. Letzteres ist besonders für Kurse, die komplett online unterrichtet werden, interessant.

2.2 Blogs

Ein Blog (oder W*eblog*) ist eine Online-Sammlung von persönlichen Beobachtungen und Kontakten, die chronologisch angeordnet sind. Der aktuellste Beitrag findet sich stets ganz oben auf der Seite. Anfangs wurden Blogs vor allem als Online-Tagebücher, die man mit der Öffentlichkeit teilen wollte, genutzt. Ihre Beliebtheit ist in kurzer Zeit enorm gewachsen und ihre Einsatzmöglichkeiten in den Bereichen Politik, Unterhaltung und Wirtschaft haben sich exponentiell gesteigert. Viele haben erkannt: Blogs sind eine preisgünstige Möglichkeit zu publizieren. Der Inhalt eines Blogs wird weder von irgendjemandem überarbeitet (außer vom Autor selbst), noch von einem Fachmann kontrolliert. Dies fördert die Entwicklung eines informellen und häufig sehr persönlichen Schreibstils (vgl. etwa http://deutsch-lerner.blog.de).

2.3 Wikis

„Der Besucher surft ein Wiki mit dem Webbrowser an, ebenso wie eine normale Website. Das Wiki besteht aus einer Menge einzelner Seiten, die meist stärker untereinander verlinkt sind als traditionelle Webseiten. Anders als bei diesen gibt es am Ende jeder Seite eine Schaltfläche oder einen Link, der beispielsweise ‚EditText' oder ‚Edit this Page' beschriftet ist. Ein Klick führt zu einem Formular, das den Text der Seite in einem großen Textbearbeitungsfeld anzeigt. Jeder Besucher kann hier Änderungen am Inhalt vornehmen. Nach dem Speichern ist die Seite sofort in der veränderten Form für alle Besucher sichtbar" (http://www.wikipedia.org). Das Wiki-Konzept beruht auf zwei zentralen Ideen: Jeder Besucher kann jede Seite verändern und das Verändern und Erzeugen von Seiten wird so weit wie möglich erleichtert.

2.4 Podcasts

Podcasts sind eine Kombination zweier Technologien – sie vereinen Audiodateien, die im Netz veröffentlicht werden, und RSS-Feeds. RSS ist eine Möglichkeit, bei Internetinhalten, die ständig aktualisiert werden, nie den Anschluss zu verlieren. Die einzelnen Seiten müssen vom Nutzer nicht immer wieder selbst auf Neuigkeiten hin überprüft werden. Stattdessen werden diese Neuigkeiten, die auf abonnierten Seiten eingestellt werden, automatisch als kurzer Textausschnitt verschickt.

„Die Vorteile von Podcasts für den Fremdsprachenunterricht liegen in der Aktualität und Authentizität der Audio- und Videodateien, die im Internet herunterzuladen sind. Fortgeschrittenen Lernern stehen damit mehr Möglichkeiten authentische Texte zu nutzen zur Verfügung. Wer mehr auf der Zielsprache außerhalb des Unterrichtsraumes das Hörverstehen üben will, kann zum Beispiel täglich aktuelle Nachrichten auf seinem Computer oder direkt auf seinem MP3-Player speichern. Auch für Anfänger gibt es Lernmöglichkeiten wie langsam gesprochene Interviews, Nachrichten oder vorgelesene Gedichte, Märchen und Erzählungen. Viele Podcasts für den Fremdsprachenunterricht haben einen begleitenden schriftlichen Text (z. B. Transkription), um das Verständnis des Ganzen zu vereinfachen.

Zu der Vorbereitung eines Fremdsprachenunterrichts können Podcasts auch beitragen. Mit Audio- oder Videodatei und ihrem passenden schriftlichen Text können Lehrer Aufgaben zu aktuellen Themen planen. So gibt es mehr Aufgaben für Hörverstehen, als nur die, die von den Lehrwerken angeboten werden.

Darüber hinaus kann auch die Fertigkeit ‚Sprechen' in der Arbeit mit Podcasts geübt werden. Typische Hausaufgaben für einen Fremdsprachenunterricht sind Aufsätze oder Übungen zur Grammatik. Mit Hilfe von Podcasts kann auch das Sprechen in Form ‚mündlicher Hausaufgaben' trainiert werden: Schüler können als Hausaufgabe Audio-Dateien in der Zielsprache herstellen und ins Internet hochladen. Lerner, die im Unterricht nicht oft zu Wort kommen, haben Gelegenheit eine Rückmeldung vom Lehrer zu ihren mündlichen Produktionen zu bekommen. Sie können dabei ihr Tempo bestimmen und in Ruhe die Unterrichtstexte noch einmal hören oder ihre eigene mündliche Produktion bearbeiten." (http://de.wikipedia.org/wiki/Podcasting).

2.5 WebQuests

Ein WebQuest ist eine Unterrichtsmethode, die auf Recherche basiert. Die Lernenden sollen dabei wesentliche bzw. alle Informationen aus Internetquellen schöpfen. Die Methode funktioniert ähnlich wie eine Projektarbeit im traditionellen Unterricht.

Die wichtigsten Bestandteile eines WebQuests sind: die Einführung in die zu bearbeitende Thematik, das Stellen einer konkreten Aufgabe, Vorgaben zu den einzelnen Arbeitsschritten (dabei ist in der Regel ein Abschnitt mit möglichen Quellen und Links enthalten), eine Bewertung der gefundenen Informationsquellen und abschließend ein Fazit zur Aufgabenstellung und dem Vorgehen bei der Recherche (vgl. z. B. http://wizard.webquests.ch/gesundleben.html).

3. Beispiele elektronischer Studienmaterialien im Fremdsprachenunterricht an der TUL

Die folgenden Beispiele wurden einem E-Learning-Kurs entnommen, der die Studenten der Wirtschaftsfakultät der TUL auf die Prüfungen für die Zertifikate „Deutsch für den Beruf" und „Wirtschaftsdeutsch International" vorbereitet. Die Studenten finden in der VLE Übungen zur Grammatik, zum Vokabular und zu den Sprachfertigkeiten Lesen, Hören, Schreiben und Sprechen (vgl. http://turbo.cdv.tul.cz).

Abb. 1: Kurs Wirtschaftsdeutsch International in der VLE (Moodle) der TUL

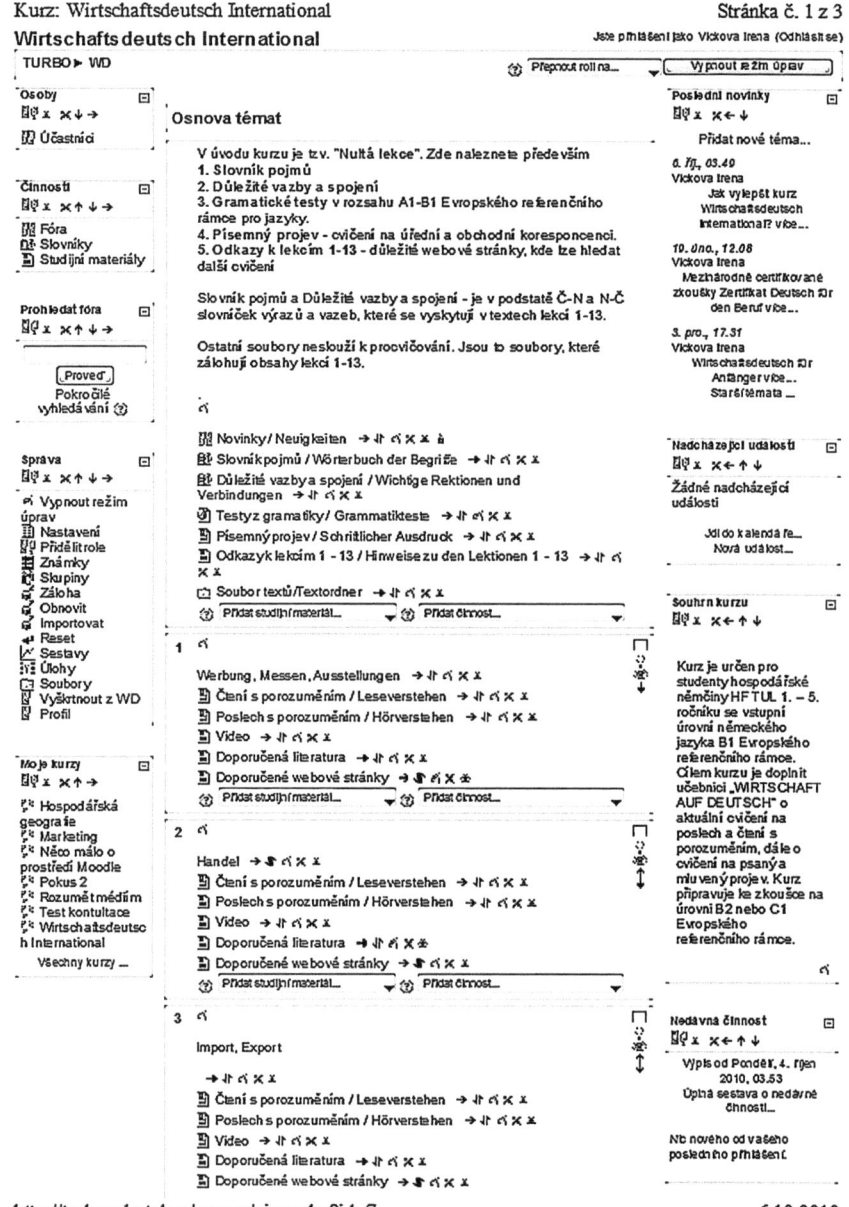

Abb. 2: Übungen zur Grammatik

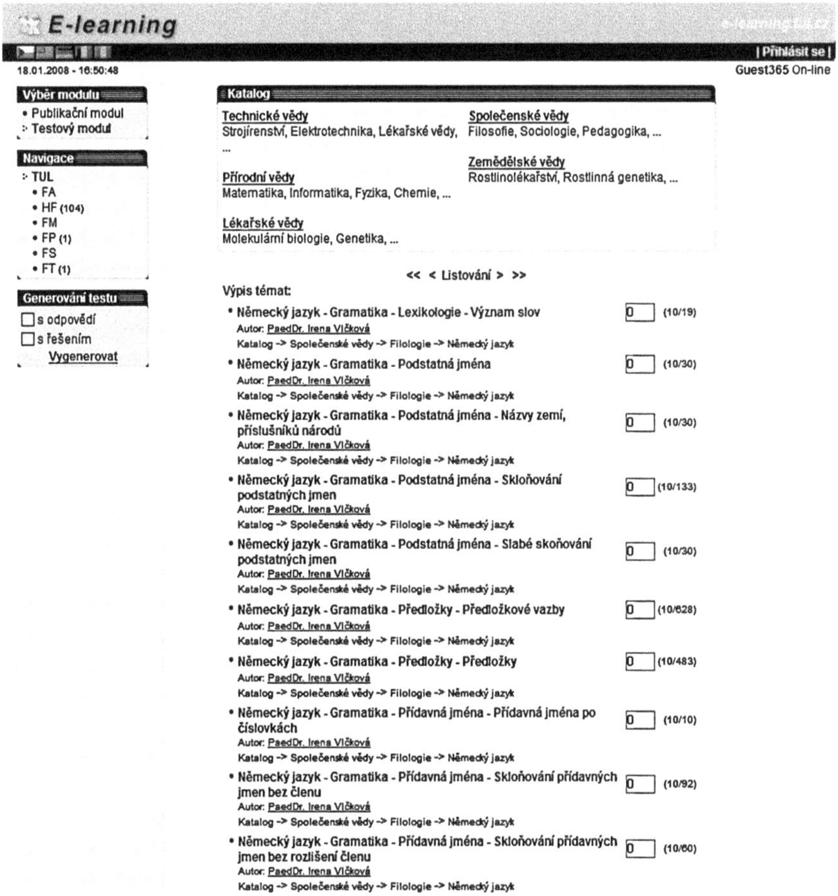

Abb. 3: *Übungen zum Leseverstehen*

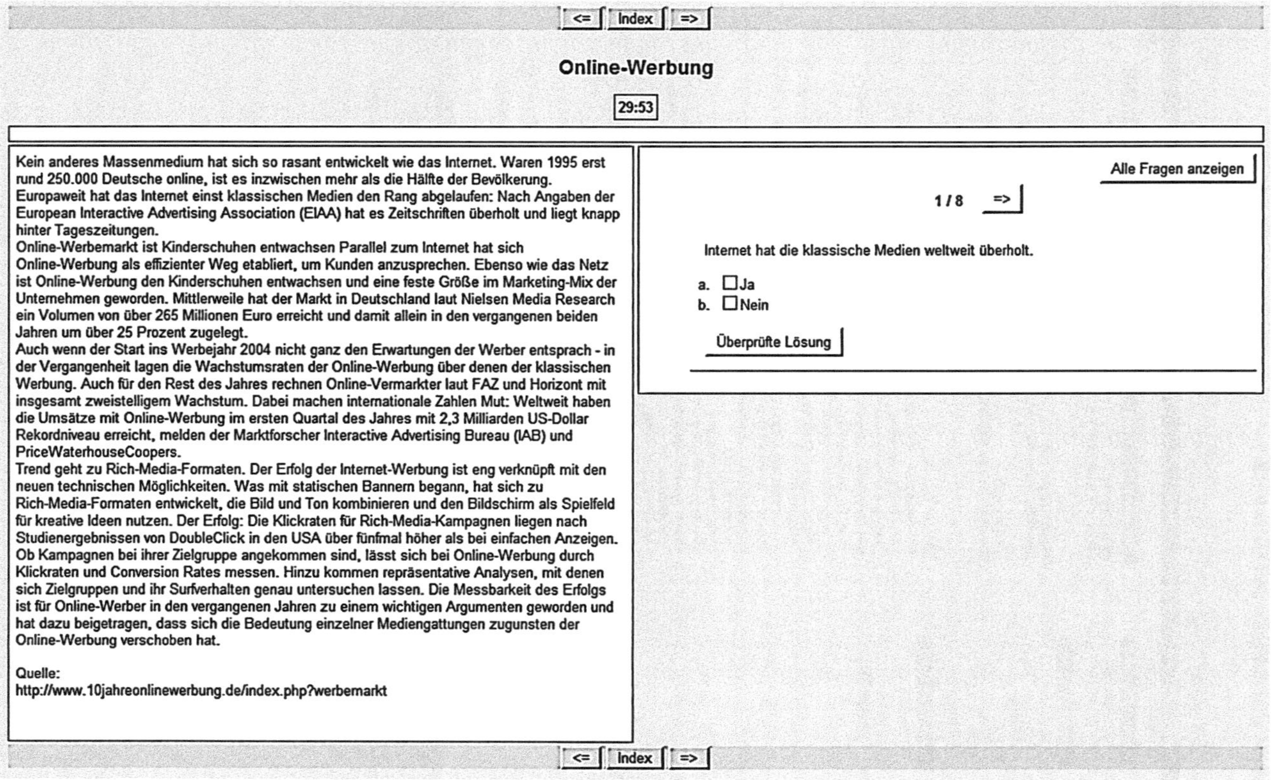

| ⇐ | Index | ⇒ |

Online-Werbung

29:53

1 / 8   ⇒   Alle Fragen anzeigen

Internet hat die klassische Medien weltweit überholt.

a. ☐ Ja
b. ☐ Nein

Überprüfe Lösung

Kein anderes Massenmedium hat sich so rasant entwickelt wie das Internet. Waren 1995 erst rund 250.000 Deutsche online, ist es inzwischen mehr als die Hälfte der Bevölkerung. Europaweit hat das Internet einst klassischen Medien den Rang abgelaufen: Nach Angaben der European Interactive Advertising Association (EIAA) hat es Zeitschriften überholt und liegt knapp hinter Tageszeitungen.
Online-Werbemarkt ist Kinderschuhen entwachsen Parallel zum Internet hat sich Online-Werbung als effizienter Weg etabliert, um Kunden anzusprechen. Ebenso wie das Netz ist Online-Werbung den Kinderschuhen entwachsen und eine feste Größe im Marketing-Mix der Unternehmen geworden. Mittlerweile hat der Markt in Deutschland laut Nielsen Media Research ein Volumen von über 265 Millionen Euro erreicht und damit allein in den vergangenen beiden Jahren um über 25 Prozent zugelegt.
Auch wenn der Start ins Werbejahr 2004 nicht ganz den Erwartungen der Werber entsprach - in der Vergangenheit lagen die Wachstumsraten der Online-Werbung über denen der klassischen Werbung. Auch für den Rest des Jahres rechnen Online-Vermarkter laut FAZ und Horizont mit insgesamt zweistelligem Wachstum. Dabei machen internationale Zahlen Mut: Weltweit haben die Umsätze mit Online-Werbung im ersten Quartal des Jahres mit 2,3 Milliarden US-Dollar Rekordniveau erreicht, melden der Marktforscher Interactive Advertising Bureau (IAB) und PriceWaterhouseCoopers.
Trend geht zu Rich-Media-Formaten. Der Erfolg der Internet-Werbung ist eng verknüpft mit den neuen technischen Möglichkeiten. Was mit statischen Bannern begann, hat sich zu Rich-Media-Formaten entwickelt, die Bild und Ton kombinieren und den Bildschirm als Spielfeld für kreative Ideen nutzen. Der Erfolg: Die Klickraten für Rich-Media-Kampagnen liegen nach Studienergebnissen von DoubleClick in den USA über fünfmal höher als bei einfachen Anzeigen. Ob Kampagnen bei ihrer Zielgruppe angekommen sind, lässt sich bei Online-Werbung durch Klickraten und Conversion Rates messen. Hinzu kommen repräsentative Analysen, mit denen sich Zielgruppen und ihr Surfverhalten genau untersuchen lassen. Die Messbarkeit des Erfolgs ist für Online-Werber in den vergangenen Jahren zu einem wichtigen Argument geworden und hat dazu beigetragen, dass sich die Bedeutung einzelner Mediengattungen zugunsten der Online-Werbung verschoben hat.

Quelle:
http://www.10jahreonlinewerbung.de/index.php?werbemarkt

| ⇐ | Index | ⇒ |

Abb. 4: Übung zum Hörverstehen

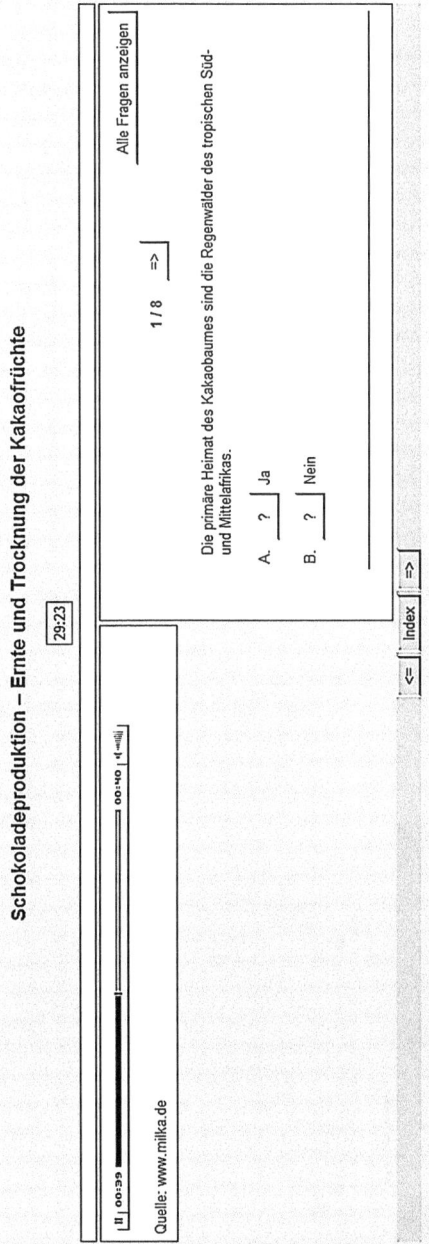

Abb. 5: Übung zum Hörverstehen mit Video

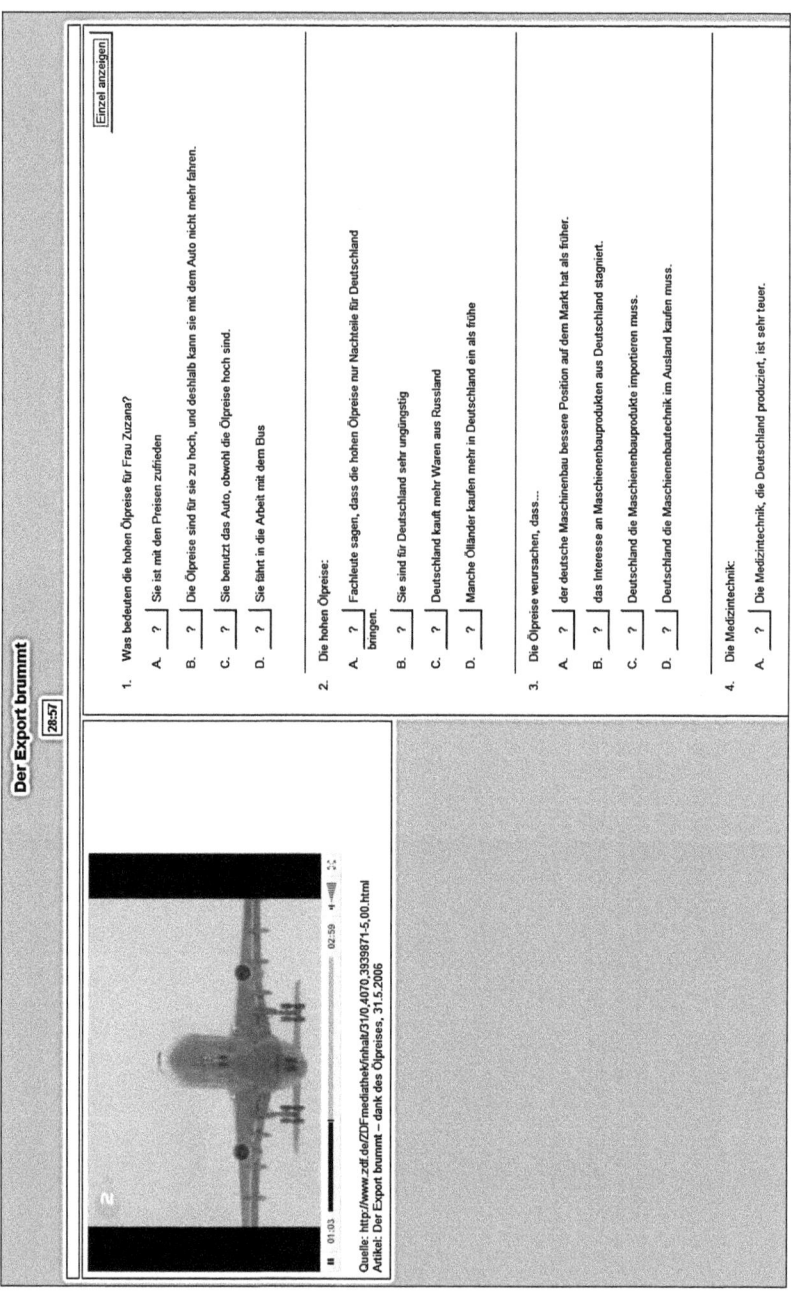

1. Was bedeuten die hohen Ölpreise für Frau Zuzana?
   A. ? Sie ist mit den Preisen zufrieden
   B. ? Die Ölpreise sind für sie zu hoch, und deshalb kann sie mit dem Auto nicht mehr fahren.
   C. ? Sie benutzt das Auto, obwohl die Ölpreise hoch sind.
   D. ? Sie fährt in die Arbeit mit dem Bus

2. Die hohen Ölpreise:
   A. ? Fachleute sagen, dass die hohen Ölpreise nur Nachteile für Deutschland bringen.
   B. ? Sie sind für Deutschland sehr ungünstig
   C. ? Deutschland kauft mehr Waren aus Russland
   D. ? Manche Ölländer kaufen mehr in Deutschland ein als frühe

3. Die Ölpreise verursachen, dass...
   A. ? der deutsche Maschinenbau bessere Position auf dem Markt hat als früher.
   B. ? das Interesse an Maschinenbauprodukten aus Deutschland stagniert.
   C. ? Deutschland die Maschinenbauprodukte importieren muss.
   D. ? Deutschland die Maschinenbautechnik im Ausland kaufen muss.

4. Die Medizintechnik:
   A. ? Die Medizintechnik, die Deutschland produziert, ist sehr teuer.

Abb. 6: Übung zum Schreiben

Situation

Sie sind Mitarbeiter/in einer Firma in Berlin. Ihr Chef möchte eine Feier für seine Geschäftspartner organisieren. Er braucht eine Firma, die alles für ihn erledigt. Er bittet Sie diesbezüglich, die Firma Goldlöwen Partyservice in 30789 Hannover, Grünestraße 234, zu kontaktieren.

Beginnen und schließen Sie den Brief mit einer angemessenen Formel. Ihr Brief sollte alle Informationen enthalten und eine Länge von 100 – 120 Wörtern haben.

Formulieren Sie den Brief mit folgendem Inhalt:

1. Termin der Feier: 25. Mai 2009
2. Musik: eine moderne Band
3. Erfrischung: gesundes Buffet (Obst, Gemüse, Fisch, Fleisch)
4. Programm: Auftritt einer bekannten Persönlichkeit – ein Komiker, ein großes Feuerwerk
5. Ort: ein Schloss in der Nähe von Berlin
6. Unterkunft für die Gäste

-
-
Lösung

Quellen
http://deutsch-lerner.blog.de, letzter Zugriff: 28.11.2011.
http://moodle.click-lounge.eu, letzter Zugriff: 28.11.2011.
http://richard.cyganiak.de/2002/wiki_und_wcms/wiki_und_wcms/ar01s02.html, letzter Zugriff: 28.11.2011.
http://turbo.cdv.tul.cz, letzter Zugriff: 28.11.2011.
http://www.wikipedia.org, letzter Zugriff: 28.11.2011.
http://wizard.webquests.ch/gesundleben.html, letzter Zugriff: 28.11.2011.

3. Fachsprache(n)

Vom Abgrenzen und Definieren in der Fachsprachenforschung. Beitrag zu einer Kritik

Gabriele Graefen (München)

1. Einleitung

Seitdem die Fachsprachenforschung sich ab den 1970er Jahren von der Fachlexikographie und Terminographie emanzipiert hat, hat sie viele Facetten entwickelt und interessante Ergebnisse zu vielen Aspekten und Einzelthemen vorgelegt, etwa zu Fragen des fachlichen Übersetzens, der Ausbildung oder zu fachsprachlichen Anteilen des Fremdsprachenunterrichts.[1] Sie wurde so zu einem Teilgebiet der „Angewandten Linguistik". Parallel zu dieser Entwicklung lässt sich aber eine wissenschaftsmethodisch ausgerichtete Linie von immer neuen Gegenstandsbestimmungen und Selbstproblematisierungen feststellen, die große Teile der Einführungswerke und Überblicksdarstellungen beansprucht und immer wieder auch in Aufsätzen festzustellen ist. Solche (Selbst-)Reflexionen sind das Thema dieses Beitrags. Es soll gezeigt werden, dass sie in einem gewissen Widerspruch zur tatsächlichen gegenstandsbezogenen Arbeit stehen und dass sich hinter den Klagen über den ach so schwer zu findenden Gegenstand bestimmte Ideale verbergen, die einer wissenschaftlichen Befassung mit Sprache im Wege stehen. Abschließend sollen mögliche alternative Sichtweisen skizziert werden.

Viele Arbeiten aus den 1980er und 1990er Jahren behandeln immer wieder Aufgaben und Selbstverständnis der Fachsprachenforschung. Ich beziehe mich im ersten Kapitel vor allem auf Übersichtsdarstellungen, speziell die Artikel „Fach und Fachwissen" (Hartwig Kalverkämper) und „Fachsprachen und Gemeinsprache" (Lothar Hoffmann) in den beiden Sammelbänden „Fachsprache" (1998) aus der Reihe „Handbücher zur Sprach- und Kommunikationsforschung" des de Gruyter-Verlags. Wenn Hoffmann schon 1998 in Bezug auf die vergangenen 25 Jahre von einer „klassischen" Fachsprachenforschung spricht, scheint mir sowohl die Kanonisierung wie auch die Distanzierung davon vorschnell zu sein.[2] Es handelt sich ja wohl um den Zeitraum der Entwicklung der modernen

---
[1] Regelmäßige Übersichten über Neuerscheinungen bieten die Bibliographien von Busch-Lauer u. a. in der Zeitschrift „Fachsprache".
[2] Hoffmann selbst wäre dann „Klassiker" und zugleich „moderner" Fachsprachentheoretiker.

Fachsprachenforschung, die 1998 keineswegs abgeschlossen war. Die Selbstverständnisdebatte ist nach wie vor ein Tummelplatz für methodologische Reflexionen und Profilierungskämpfe (vgl. Kalverkämper 1996). Strukturalistische und pragmatisch beeinflusste Ansätze sind ebenso präsent wie erkenntnistheoretische Diskussionen um „Realismus" und „Konstruktivismus" (vgl. Gardt 1998). Engberg (2002, 219) stellt daher fest: „Die traditionellen Definitionen von Fachsprache finden sich bis in die aktuellsten Arbeiten im Bereich."

2. Negatives und positives Selbstbild der Fachsprachenforschung

Die Titel aus der HSK-Reihe werden allgemein als solide Darstellungen der Summe mehrerer Jahrzehnte Forschung betrachtet. Von daher richtet sich an die beiden Bände zur Fachsprachenforschung, speziell an die einleitenden Artikel, die Erwartung, hier würde das theoretische Fundament expliziert, eine Übersicht über das Forschungsgebiet gegeben, eine Gesamtdarstellung von Forschungsleistungen erbracht. Das tun Hoffmann und Kalverkämper auf sehr verschiedene und durchaus widersprüchliche Weise.

Kalverkämper erhebt als erstes einen Vorwurf an die Fachsprachenforschung, er sieht ein fundamentales Defizit: Der Fachbegriff sei nicht näher betrachtet worden, nicht problematisiert, nicht begrifflich geklärt, nicht definiert.[3] Kalverkämper beklagt wörtlich, „[...] dass Fach und Fachlichkeit zwar in aller Munde und mit achtbarer Reputation in der Öffentlichkeit behaftet sind, dennoch aber immer noch nicht von den Wissenschaften (den einzelnen Sachfächern ebenso nicht wie von der Linguistik), auch nicht vom Handwerk und der Industrie wie auch nicht von den Nutzer- und Anwendungs-Organisationen näher betrachtet, geschweige problematisiert, begrifflich geklärt werden oder sogar definiert sind."

Der Autor ignoriert damit die zahlreichen einschlägigen Bemühungen seiner Kollegen. Die „ältere Diskussion" bestand nämlich nach Hoffmann (1998, 157) vor allem aus der Gegenüberstellung von „Fachsprache" und „Gemeinsprache" mit dem Ziel der Abgrenzung und Definition. Kalverkämper entwirft damit ein erstaunlich negatives Bild seiner Forschungsrichtung als einer, die ihren Gegenstand nicht kennt und sich darum nicht einmal richtig gekümmert hat. Dieser Vorwurf hindert Kalverkämper allerdings nicht daran, in dem nachfolgenden Beitrag ausführlich den Ursprüngen der Fachsprachentheorie über die Kultur-

---

3 Kalverkämper widerspricht sich später im selben Aufsatz, wenn er eine „relativ konsensuelle Auffassung" von Fachmerkmalen behauptet, siehe unten.

anthropologie und bis in die indogermanische Etymologie des Wortes Fach hinein nachzugehen und seine eigenen Begriffsbestimmungen von „Fach" und „Fachsprache" breit darzulegen.

Tatsächlich war die Frage der Definition von „Fachsprache" seit den Anfängen der Prager Schule[4] immer wieder aufgeworfen und als ungeklärtes Problem oder „zentrale Fragestellung" (Bartha 1993, 551) beschrieben worden. Zusammenfassend sagt Bartha über die Prager: „Dabei ist die Frage nach der Definition von Fachsprachen und nach ihrer Abgrenzung zur Allgemeinsprache als eine grundsätzliche und für die Fachsprachentheorien zentrale Fragestellung zu betrachten." (ebd.)

Auch Hoffmann vermisst in seinem Einleitungsartikel (1998) „exakte Definitionen" von Fachsprache und Gemeinsprache, stellt aber die Vergleiche sowie die wechselseitige Kritik zustimmend vor. Zwar deutet er an, dass die „starre Konfrontation" (158) der Begriffe nicht haltbar sei, begründet wird das aber nicht, höchstens mit dem Misserfolg der Vergleichsversuche. Hoffmann beschreibt die Fortschritte der Fachsprachenforschung als „Polarisierung" von Fach- und Gemeinsprache, danach Relativierung und Neutralisierung der Opposition (161); als „Befreiungsschlag" sieht er die Überführung in ein neues Verhältnis von „Gesamtsprache" versus „Teilsprache" oder „Subsprache" (ebd.), als weiteren Fortschritt präsentiert er eine ganz andere Idee (von Kalverkämper), Fachsprachlichkeit auf einer „gleitenden Skala" anzuordnen, um letztlich die Rückkehr zum Oppositionsbegriff „Gemeinsprache" auch wieder als Fortschritt zu loben (164): „Am Ende des Überblicks schließt sich also der Kreis. Die Gemeinsprache lässt sich offenbar nur schwer neutralisieren, geschweige denn eliminieren."

Einen befriedigenden Zustand der Fachsprachenforschung kann man aus diesem Überblick wirklich nicht ableiten. Hoffmann hat sich im Gegensatz zu Kalverkämper wohl entschlossen, allen „Ansätzen" und somit auch seiner eigenen früheren Rolle in der Fachsprachenforschung, positiv gegenüber zu stehen. Woran sich die Debatten immer wieder neu entzünden, kann er deswegen nicht erklären. Das nächste Kapitel versucht, eine Antwort zu geben.

---

4 Als Gründungsjahr wird meist 1926 angegeben. Aus heutiger Sicht sind die Kenntnisse der Prager über die Funktionen äußerst dürftig. Danach wurden die meisten andern heutigen linguistischen Schulen und Denkrichtungen (theoretische und angewandte Linguistik) auf den Gegenstand „Fachsprache" angewendet und daran weiter ausgebaut. Siehe zur „Prager Schule" auch den Beitrag von Martin Lachout in diesem Band.

3. Die Systemfrage

Die Aufgabe, „Fachsprache" begrifflich zu erfassen und diesen Begriff zur Grundlage der Forschung zu machen, ist strukturalistisch inspiriert. Sprache hat Systemcharakter, ist hier der Grundgedanke. Daran ändert sich übrigens nichts, wenn der Singular durch den Plural ersetzt wird: viele Fächer, viele Fachsprachen. Folgt man dieser Voraussetzung, wird der *Vergleich* von Gemeinsprache und Fachsprache ein fragwürdiges Unternehmen. Denn von einer Fachsprache als einem (selbständigen) Sprachsystem kann überhaupt nicht die Rede sein. Eine „Sprache" ist das Gemeinte nur in einem übertragenen (metonymischen) Sinne. Eine wirkliche Sprache entsteht aus dem Bedürfnis einer Sprechergemeinschaft, die ein systematisch aufgebautes Sprachmittelrepertoire braucht, um damit ihren gesamten kommunikativen Bedarf zu realisieren. Solche Sprachen sind relativ stabile, dabei ausbaufähige und wandelbare Ensembles von sprachlichen Mitteln, mit je eigenen lexikalischen und grammatikalischen Prinzipien (vgl. Ehlich 1982), die sich auf verschiedene Weise dokumentieren lassen.

Wenn man einmal ohne dieses Dogma an das Thema herangeht, könnte man sagen, mit dem Ausdruck „Fachsprache" sei die zu fachlichen Zwecken verwendete Sprache gemeint, die für Laien wie auch für Linguisten recht auffällige lexikalische und textuelle Repertoire-Erweiterungen (Textorganisation, Sonderzeichen) besitzt. Anders gesagt: Fachliches Sprechen und Schreiben benutzt eine Sprache, ergänzt sie durch facheigene Mittel und besondere Gebrauchsweisen der allgemeinen sprachlichen Mittel. Man kann dann den Ausdruck „Fachsprache" mit dem Vorbehalt benutzen, dass er schlicht eine praktische Kurzform ist.[5] Eine vergleichende Gegenüberstellung mit der Gemeinsprache und das Sammeln von Unterscheidungsmerkmalen wären dann eher abwegig.

In der Fachsprachenforschung ist nun eher das Gegenteil eines Vorbehalts zu bemerken, geradezu Begeisterung über viele neu entdeckte Sprachtypen. Seit der Prager Schule (vgl. z.B. Beneš 1981) sind da unsinnige Begriffe wie „Theoriesprache", „Praxissprache", „Sprache der Produktion", „Sprache der Geisteswissenschaften" oder „Wirtschaftssprache" im Umlauf (vgl. die Tabelle bei Roelcke 1999, 35).[6] Es scheint, dass aus der Kurzform „Fachsprache" Mystifikationen erwachsen und gepflegt werden, dass die Disziplin selbst, die den Ausdruck „Fachsprache" geprägt hat, geradezu darauf hereinfällt, zumindest große Teile davon. Es mag sein, dass die Prager Funktionalisten damit eher vage Stilvorstellungen bezeichnen wollten. Übrig geblieben ist aber die programmatische Behauptung, eine Fachsprache sei ein eigenständiges Ganzes – programmatisch,

---

5 Kritik daran gab es z. T. auch von Fachsprachenforschern, etwa bei Schmidt / Scherzberg (1968).
6 Zur Kritik des Begriffs „Wirtschaftssprache" vgl. Grießhaber (2000).

weil daraus der Auftrag an die Forschung resultierte, diese Fiktion nun mit Leben zu erfüllen.

4. Falsche Systematisierung des Gegenstandes

Von Anfang an wurde die eigene Rede von „Fachsprache" als Verpflichtung interpretiert, eine deutliche Abgrenzung, vor allem gegenüber der Gemeinsprache als „System von Systemen" (Hoffmann 1998, 164), zustande zu bringen. Zwar wird die Standardsprache als übergeordnet unterstellt, und gelegentlich findet auch eine Distanzierung von der Behauptung eines selbstständigen Sprachsystems statt: „Fachsprache" sei „kein sprachlich selbstständiges System neben der Gemeinsprache" (ebd., 161). Auch Fluck (1976, 175) sagt, dass in der Fachsprache nur die vorhandenen Bildungs- und Fügeprinzipien anders genutzt werden, dass aber kein eigenes Sprachsystem vorliegt. An anderer Stelle spricht er aber von „sprachliche(n) Zeichensysteme(n) mit instrumentalem Charakter". Kritisch äußern sich auch Schmitz / Scheiner (1981). Dennoch bemühen sich auch die genannten Autoren um die Erfassung der Merkmale einzelner Fachsprachen (FS). Von daher wird vielleicht deutlich, dass auch die Gegenüberstellung der „Gesamtsprache" und ihrer „Subsprachen" (Hoffmann 1976) von dieser Verselbstständigung ausgeht. In der 14. der Leipziger Thesen von Lothar Hoffmann (1977, vgl. auch Hoffmann 1998, 162) lautet das so: „Die Fachsprachenforschung begreift die Fachsprachen als Subsprachen einer Gesamtsprache, die infolge der fortschreitenden Arbeitsteilung entstanden sind und im Zusammenhang mit der produktiven Tätigkeit des Menschen – der körperlichen wie der geistigen – in bestimmten Teilbereichen der gesellschaftlichen Wirklichkeit verwendet werden."

Diese Subsprachen sind gedacht als „relativ selbständige Kommunikationsmittel", die aus dem Gesamtsystem „auswählen": „Jede Fachsprache wäre unter diesen Umständen ein relativ selbstständiges Kommunikationsmittel und verhielte sich zur Gemeinsprache (Gesamtsprache) wie das Besondere zum Allgemeinen [...]" (Hoffmann 1976). Dieser Gedanke liegt auch der soziolinguistischen Rede von Varietäten einer Sprache zugrunde. Dazu Torsten Roelcke (1999, S. 18 f.): Eine Sprachvarietät ist „ein sprachliches System [...], das einer bestimmten Einzelsprache untergeordnet und durch eine Zuordnung bestimmter innersprachlicher Merkmale einerseits und bestimmter außersprachlicher Merkmale andererseits gegenüber weiteren Varianten abgegrenzt wird."

Der angebliche „Befreiungsschlag" geschieht hier also nicht. Eine wirkliche Absetzung vom strukturalistischen Systembegriff wird nicht hergestellt, wie Engberg (2002, 220) hervorhebt. Die Probleme bei der Anwendung des Subsprachenmodells sind weiterhin Abgrenzungsprobleme. Angesichts der festgestellten Heterogenität und Vielfalt der fachlichen Kommunikation wird der Systemgedanke häufig dadurch zu retten versucht, dass eine „Schichtung" der Fachsprache in horizontale und vertikale Sprachschichten eingeführt wird (Hoffmann 1976, vgl. Fluck 1996, 36). Auch dann also, wenn die Verselbstständigung vermieden werden soll, ist sie präsent, z. B. in der Rede von Einflüssen und Wechselwirkungen der Subsprachen untereinander und auf die Gemeinsprache, dann dabei wird eine Gegenüberstellung gemacht.

Aufgegeben wird die Systemnorm erst mit einem Übergang zu „Fachlichkeit" oder „Fachsprachlichkeit" als einer graduell ausgeprägten Texteigenschaft. Auch Kalverkämper (1990) plädiert für „eine integrierende Sichtweise" der Gegenüberstellung. Damit wird nämlich eine Abstraktion von allen konkreten fachlichen Sprachmerkmalen eingeführt, die allerdings dem Bedürfnis von Fachsprachenlinguisten, „ihre" jeweilige Fachsprache zu beschreiben, vollkommen entgegensteht. Auch diese „Relativierung" wurde also nicht als „Befreiungsschlag" aus den selbst fabrizierten Problemen wahrgenommen.

Insgesamt zeigt sich: Aus dem Bedürfnis nach Gegenstandsabgrenzung hat sich eine Dauerdebatte ergeben, die so ziemlich das Gegenteil von dem ist, was in Wissenschaftlerkreisen gern als „fruchtbar" bezeichnet wird.

5. Vom Fehler des Definierens

Das ist einigermaßen paradox: Befassen sich die Fachsprachenforscher wirklich mit einem Gegenstand, der sich der Begriffsbestimmung hartnäckig entzieht, womöglich sogar endgültig? Eine „Undefinierbarkeit" nimmt etwa Roelcke an: Der Begriff Fachsprache sei „im soziokulturellen Kontext der modernen Forschung zwar evident, nicht aber hinreichend definierbar". (Roelcke 1999, 17). Zu kritisieren ist hier m. E. die Aufgabenstellung: Warum nimmt sich diese Disziplin überhaupt vor, ihren komplexen sozialen Gegenstand ein für allemal zu definieren, und dann auch noch so „eindeutig" und „präzise", wie sie es ihren Fachleuten immer nachsagt? Das Definieren als wissenschaftssprachliche Handlung begriffen entstammt der Mathematik und den Naturwissenschaften und ist für soziale und sprachliche Phänomene in sehr vielen Fällen unangemessen. Es gibt m. E. zwei Gründe dafür:

1. Eine Definition kann nur das Ergebnis erfolgreicher Forschung sein. Auf der Basis eines geteilten Wissens über den Gegenstand und einer Absicherung der Objektivität des Wissens sind Definitionen möglich. Ein Begriff wie „Fachsprache", der als metonymisch gemeinte Zusammensetzung sowieso

kein Terminus sein sollte, kann jedoch nur eine Art „Krücke" sein, um die gemeinten sprachlichen Handlungen zusammenfassend zu bezeichnen, also vielleicht ein Einstieg und eine Voraussetzung für Forschung, aber nicht ein definierbares Ergebnis.
2. Erhofft oder gefordert wird eine gemeinsame und verbindliche Definition, die einen Konsens der Fachsprachenforscher erfordern würde. Zugleich herrscht aber (nicht nur) in dieser Disziplin ein Pluralismus, der eine Einigung auf eine grundlegende Definition verhindern würde. Knobloch (1987) hat gezeigt, wie stark der Sprachgebrauch in den Sozialwissenschaften den gemeinsprachlichen Unklarheiten und Konnotationen verhaftet bleibt, warum deren Definitionsversuche eher „Verwendungsvorschriften" ähneln.

Angesichts dieser Ausgangslage war und ist die Forderung nach einer Definition ziemlich vermessen. Sie beansprucht, dass die Definition sich sowohl als Basis und verpflichtender Ausgangspunkt der Forschung bewährt als auch allen neuen Erkenntnissen der Forschung standhält und weiterhin eine klare Abgrenzung gegen andere Sprachvarietäten leistet.

Einerseits sollen also definitorische Vorentscheidungen stattfinden, die Fachsprachen-Definition soll die Basis und Bedingung für das Forschen sein. Andererseits wird natürlich auch ohne diese angebliche Vorbedingung geforscht. Die vielfältigen Ergebnisse werden dann wieder kritisch gegen Definitionsversuche gehalten. Eigene und fremde Vorannahmen werden damit destruiert, woraufhin dann wieder die fehlende Basis beklagt wird, um erneut *die* richtige und anerkannte Definition einzufordern.

Zwar stimmt es wohl, dass eine Definition in den mathematisch-naturwissenschaftlichen Disziplinen eine nützliche Fixierung des gewonnenen Wissens ist. In einer Disziplin wie der Fachsprachenforschung wird aber das, was eine Definition leisten kann, *idealisiert*. Sie soll die reale Uneinigkeit beseitigen und am besten alles gegenwärtige und künftige Wissen über den Gegenstand „abdecken", also alle vorhandenen Kritikpunkte und Widersprüche einfach erledigen. Diese Idealisierung ist konsequenterweise auch bei den Studenten vorhanden, die sich in Seminaren und Prüfungen mit dem Thema Fachsprache befassen. Sehr häufig wird da das studentische Bedürfnis nach einer „gültigen" Definition artikuliert, so als ob man Erkenntnisse von oben verordnen könnte und sollte.

6. Pragmatisierung der Fachsprachenforschung – eine Lösung?

Eine tatsächlich *pragmatische* Untersuchung von Fachsprache kommt nicht in die Gefahr der oben kritisierten Verselbstständigung des Gegenstandes, da sie das fachlich-sprachliche Handeln in seinen jeweiligen institutionellen Gegebenheiten beobachtet und analysiert. Leider war aber der Einfluss pragmatischer Prinzipien in der Fachsprachenforschung nicht durchweg positiv. Eine soziologische und sprachfunktionale Ausrichtung hatte bereits die Prager Schule etabliert (vgl. Bartha 1993, 564), indem sie die „Berücksichtigung *aller* Komponenten der fachlichen Kommunikation" forderte. Das Interesse der Prager Schule an der Funktionalität von Sprache zielte dabei offenbar auf soziale Zusammenhänge und Nutzungen von Sprache. Es entstanden diverse Kommunikations- und Faktorenmodelle (von Havranek, Beneš etc.), die z. B. bei Walter von Hahn (1983) diskutiert werden. Aus derselben Zeit stammen Versuche von Dieter Wunderlich (1970), die „Elemente" des „sprachlichen Verhaltens" möglichst vollständig zu erfassen (siehe die Auflistung ebd., 20) und eine programmatische Äußerung von Opitz (1981, 33 f.), der die methodischen Prinzipien von Wunderlich auf die Fachsprachenforschung überträgt.

Auch Opitz betont, dass *alles*, was mit der Kommunikation direkt oder indirekt zu tun habe, wichtig sei: „Sprache ist nicht ‚Sprache an sich', sondern Kommunikation, Selbstäußerung, Darstellungsmittel von Menschen. Sie dient persönlichen, öffentlichen, technischen, künstlerischen, wirtschaftlichen, pädagogischen – kurz gesagt, einer unendlichen Menge möglicher Interessen; einzeln oder gebündelt, direkt oder mittelbar, im Augenblick der Forschung oder über Jahrtausende hinweg überliefert. Keine Aussage über einen Sprachakt (d. h. über eine Verwirklichung des hypothetischen Systems ‚Sprache' in einem gegebenen Fall) ist möglich und sinnvoll ohne Erkenntnis und Berücksichtigung seines menschlichen ‚Kontextes' aus Motivation, Intention, Argument, Korrespondentenpersönlichkeit und einer langen Liste weiterer, wenn auch geringerer Faktoren, die sich in der jeweiligen historischen Situation vereinigen."

Darin sehe ich eine „Pragmatisierung" der Fachsprachenforschung in einem schlechten Sinne. Wenn nämlich der Begriff „Kontext" so dogmatisch abstrakt verstanden werden soll, dass alle konkreten Umstände und allgemeinen Hintergründe des Handelns gleichermaßen wichtig und interessant sind, dann entstünde ein theoretisch unendlicher Bedarf an Datenmaterial und eine Verführung zum „blinden" Datensammeln. Anders und allgemeiner gesagt: Diese Art von Pragmatisierung führt zu einer tendenziellen Auflösung des Gegenstandes „fachliche Kommunikation" in tausend Teilaspekte. Dies ermöglicht und fordert viele Forschungsprojekte, wogegen nichts zu sagen wäre. Wie aber die wenigen Forschungsdaten, die dann tatsächlich zustande kommen, zu beurteilen und zu gewichten sind, bleibt notwendigerweise diffus, wenn alle anderen, *nicht* vorhandenen Daten auch „irgendwie" wichtig sind. Zudem besteht die Gefahr, Kommunikationsstrukturen schon deshalb als sinnvoll zu präsentieren, weil sie real sind und gesellschaftliche Funktionen haben. Von Hahns „Fallstudie aus der Wissenschaftsorganisation" (1983, 151 ff.) scheint mir ein Beispiel für eine solche mangelnde Distanz zum Beobachteten zu sein.[7] Mit anderen Worten: Die Erforschung von Einzelaspekten bedarf einer nicht strukturalistischen *theoretischen* Basis.

Um auf das Thema dieses Kapitels zurückzukommen: Hat nun die pragmatische „Wende" die Selbstfindungsprobleme der Fachsprachenforschung beseitigt? Ein gewisser Fortschritt ergibt sich daraus, dass nun stärker auf außersprachliche Merkmale zur Abgrenzung des Gegenstandes Fachsprache gesetzt wird. Man holt sich also die gewünschte Abgrenzung sozusagen von außen (vgl. Engberg 2002).[8]

Die Ersetzung von „Fachsprache" durch „Fachkommunikation" ist nicht die Lösung der selbst geschaffenen Probleme. Das Sammeln empirischer Daten ist, was vor allem die Textkorpora angeht, natürlich eine gute Grundlage für gezielte Beobachtungen und Vergleiche. Schon schwieriger ist die wissenschaftliche Nutzung von arbeitsaufwendig hergestellten Sammlungen von Gesprächstranskripten aus fachlichen Zusammenhängen, die von Munsberg (1994) und anderen vorgelegt wurden. Sie erlauben zwar alle möglichen Beobachtungen des Handelns und Interagierens, aber hinsichtlich der fachlichen Sprache sind größere Teile davon eher trivial und unergiebig, schon weil die Tonaufnahmen vielen Restriktionen unterliegen, die Ausschnitte aus der Kommunikation klein sind und von Zufällen abhängen.

Texte wie Diskurse können dokumentiert werden, aber diese Ausschnitte aus der realen Kommunikation bieten zunächst einmal nur eine sprachliche Oberfläche. Deshalb kann man nicht, wie es die Fachtextlinguistik z. T. versucht, Fachsprache scheinbar einfach und ganz empirienah mit den in ihr vorkommenden Texten identifizieren. Roelcke (1999, 21) beschreibt das sogenannte pragmalinguistische Kontextmodell als „Schritt von einer Konzeption von Fachsprachen als Zeichensystemen weg und hin zu einer solchen als Textäußerungen". Das, was mit der Bezeichnung „Fachsprache" anvisiert war, fällt aber nun einmal nicht mit den

---

7   Modellhaft führt von Hahn das vor an Überlegungen zur Betriebskommunikation, er entwirft dazu Organigramme betrieblicher Informationsabläufe. Es wird also der Übergang zu Fragen gemacht, die sich auch Rationalisierungsfachleute stellen, ein Themenwechsel vollzogen.
8   Auf die Äußerlichkeit einer solchen Zusammenfassung für heterogene Handlungen und Sprachmittel macht Grießhaber am Beispiel von „Wirtschaftsdeutsch" aufmerksam (2000, 413).

sprachlichen Erscheinungen zusammen. Es gibt Erklärungsbedarf, es geht um das Verständnis von Funktionen und von Systematizität, es geht nicht zuletzt um die Objektivität, die die Vielfalt der Erscheinungen „zusammenhält". Im Hinblick darauf versagen die methodischen Selbstproblematisierungen, die oben besprochen wurden.

7. Pragmatische Perspektiven

Nach Engberg (2002, 222 f.) ist die pragmatische Wendung „[…] eine sehr vernünftige Entwicklung der einschlägigen Forschung. Der bisherigen theoretischen Vernachlässigung der Fachsprache als Untersuchungsgegenstand ist aber entgegen zu steuern. Denn wir brauchen neben dem Fachkommunikationsbegriff [...] zur adäquaten Detail-Beschreibung tatsächlicher Fachkommunikation ebenfalls einen Material-Begriff." Der Autor betont die enge Beziehung von Fachsprache und Fachwissen. Das erscheint mir als wichtigstes Prinzip, aus dem sich auch die nötige Scheidung von wesentlichen und nicht wesentlichen Eigenschaften und Umständen der Kommunikation ergibt. Große Teile der Fachkommunikation dienen den übergreifenden Zwecken der Wissenserarbeitung, -dokumentation und -vermittlung. Wie Sprache dafür als Werkzeug eingesetzt wird, welche sprachlichen Mittel für diese Zwecke als „Material" ausgearbeitet wurden, das sind die eigentlich und weiterhin interessanten Themen der Fachsprachenforschung. Dazu möchte ich abschließend einige Hinweise geben, die sich an der „Funktionalen Pragmatik" orientieren (vgl. Ehlich 2007).

Die ansonsten übliche Rede von „Varietäten oder Existenzformen der deutschen Sprache" (z. B. Janich 1998, 33) erscheint mir nur dann möglich, wenn sie auf die einzelfachlichen Versuche einer systematischen Sammlung, Bearbeitung und „Verwaltung" des eigenen Sprachmittelbestandes abhebt. So etwas existiert aber nicht in allen Fächern, und es führt nirgendwo zu einer stabilen „Existenzform" der Sprache, eher zu gut dokumentierten und begründeten Teilsystemen von Begriffen einerseits, spezifischen Ausdrucksmitteln wie etwa dem mathematischen Zeichensystem, Codes oder Sonderzeichen (vgl. Opitz 1981) andererseits.

Das fachliche Sprechen und Schreiben entwickelt sich als besondere Nutzung einer Sprache. Das passiert unter teilweise kontrollierten Bedingungen, grundsätzlich als institutionelles Handeln. Pragmatische Forschung hat dies im Allgemeinen angemessen berücksichtigt, wie etwa die Beiträge zur medizinischen Kommunikation zeigen (vgl. Redder / Wiese 1994). Diese institutionelle Einbindung ist sehr entscheidend für die Beschaffenheit fachlicher Kommunikation, die Individuen müssen sich Zwecken der Institution ein- und unterordnen, z. T. ökonomischem Druck oder politischen Vorgaben gehorchen. Die Sprecher stellen von daher bestimmte Konsistenzforderungen an den eigenen Umgang mit Begriffen und Zeichen. Die Fachleute selbst nehmen, sei es durch Begriffsbestimmungen, sei es durch den Akt des Definierens, Abgrenzungen gegenüber der Gemeinsprache immer dann vor, wenn sie vorhandene Wörter mit fachlichen Bedeutungen ausstatten. Dadurch und durch andere mehr oder weniger systematisierte Wortbildungen entstehen Fachwortschätze, in bestimmten Fächern mit erzwungener Vereinheitlichung durch externe Normierungsinstanzen.[9] Solche Eingriffe in fachsprachliches Handeln sind nicht zufällig, und sie resultieren keineswegs aus den Präzisionsansprüchen der Fachleute, wie so manche Darstellung in der Literatur glauben lässt. Standardisierung und Normierung betreffen fachliches Sprechen und Schreiben entweder wegen der Benutzung für ökonomische oder politische Absichten oder aber im akademischen Zusammenhang wegen der wissenschaftstypischen Rationalität.[10] Wilss (1981, 49 f.) hat das Stichwort in Bezug auf die Syntax fachlicher Texte eingebracht. Er spricht von „ableitbaren Textkonstitutionsregeln", „Textbausteinen", von „Standardäquivalenten" bei der Übersetzung und insgesamt von einer „oberflächenstrukturellen Normierung" solcher Texte. Besonders stark normiert sind der Sprachgebrauch und die Textarten der Ämter und Verwaltungen, was Rehbein (1998) aus den institutionellen Zwecken erklärt. Eine spezielle Terminologie spielt hier kaum eine Rolle.

Es muss aber daran erinnert werden, dass nur bestimmte Fächer Standardisierungserscheinungen zeigen – solche wie die Literaturwissenschaft und die Kunstgeschichte gehören nicht dazu. Ebenso ist der Stellenwert von „Eindeutigkeit" und „Präzision" keineswegs überall der in der Fachsprachenliteratur mitgeteilte. Wegen der großen sprachlichen Differenzen verschiedener Fächer erscheint also auch der Begriff der Fachsprachlichkeit als eine nicht sehr sinnvolle Abstraktion. Man gewinnt den Eindruck, dass die technisch-naturwissenschaftlichen Fächer häufig stillschweigend als Paradigmen für Fächer generell genommen wurden.

Zusammenfassend möchte ich festhalten, dass – neben der empirischen Dokumentation und in Verbindung mit ihr – die besonderen Qualitäten fachlicher Kommunikation aus ihrer institutionellen Prägung und Nutzung einerseits, aus den Anforderungen der Wissenserarbeitung und -vermittlung andererseits zu erklären sind. Ob man diesen Gegenstand nun „Fachsprache" nennt oder nicht,

---

9   Nicht von Anfang an war „Fachsprache" das Thema. Kalverkämper (1980, 4) lobt die Prager Schule dafür, dass sie den Übergang von der Fachlexik zur Fachsprache befördert hat.
10 Baumann (2005, 33) fordert, ein neues „interdisziplinäres, fachkommunikatives Normkonzept" zu entwickeln. Ich vermute aber, dass nicht der Normbegriff zu erneuern wäre, sondern an der empirischen Konkretion der Beschreibungen von Normierung der Kommunikation zu arbeiten wäre.

wäre eigentlich egal – wenn die oben kritisierten Missverständnisse und Idealisierungen vermieden würden.

Literatur

Bartha, Magdolna (1993): Der Einfluss der Prager Schule der Vorkriegszeit auf die modernen Fachsprachentheorien. In: Bungarten, Theo (Hrsg.): Fachsprachentheorie. Bd. 2: Konzeptionen und theoretische Richtungen. Tostedt: Attikon, 551-566.

Baumann, Klaus-Dieter (2005): Das komplexe Normensystem der Fachkommunikation. In: Fachsprache. International Journal of LSP 27/1-2, 32-47.

Beneš, Eduard (1981): Die formale Struktur der wissenschaftlichen Fachsprachen in syntaktischer Hinsicht. In: Bungarten, Theo (Hrsg.): Wissenschaftssprache. Beiträge zur Methodologie, theoretischen Fundierung und Deskription. München: Fink, 185-212.

Brünner, Gisela (2000): Wirtschaftskommunikation. Linguistische Analyse ihrer mündlichen Formen. Tübingen: Niemeyer.

Ehlich, Konrad (1982/2007): Sprachmittel und Sprachzwecke. In: Ders.: Sprache und sprachliches Handeln. Bd. 2: Prozeduren des sprachlichen Handelns. Berlin et al.: de Gruyter, 55-80.

Ehlich, Konrad (2007) Sprache und sprachliches Handeln. Bd. 1: Pragmatik und Sprachtheorie. Berlin et al.: de Gruyter.

Engberg, Jan (2002): Fachsprachlichkeit – eine Frage des Wissens. In: Schmidt, Christopher M. (Hrsg.): Wirtschaftsalltag und Interkulturalität. Fachkommunikation als interdisziplinäre Herausforderung. Wiesbaden: Deutscher Universitäts-Verlag, 221-238.

Gardt, Andreas (1998): Sprachtheoretische Grundlagen und Tendenzen der Fachsprachenforschung. In: Zeitschrift für Germanistische Linguistik 26, 31-66.

Grießhaber, Wilhelm (2000): Zum Begriff ‚Wirtschaftssprache'. Überlegungen und Vorschläge zur Analyse der Fachsprache der Wirtschaft. In: Beckmann, Susanne / König, Peter-Paul / Wolf, Georg (Hrsg.): Sprachspiel und Bedeutung. Festschrift für Franz Hundsnurscher zum 65. Geburtstag. Tübingen: Niemeyer, 403-413.

Hahn, Walther von (1983): Fachkommunikation. Entwicklung, linguistische Konzepte, betriebliche Beispiele. Berlin et al.: de Gruyter.

Hoffmann, Lothar (1976): Kommunikationsmittel Fachsprache. Eine Einführung. Berlin: Akademie.

Hoffmann, Lothar (1977): Leipziger Thesen zur fachsprachlichen Forschung. In: Wissenschaftliche Zeitschrift der Karl-Marx-Universität Leipzig. Gesellschafts- und sprachwiss. Reihe 26/2, 165-167.

Hoffmann, Lothar (1998): Fachsprachen und Gemeinsprache. In: Ders. / Kalverkämper, Hartwig (Hrsg.): Fachsprachen / Languages for Special Purposes. Ein internationales Handbuch zur Fachsprachenforschung und Terminologiewissenschaft / An International Handbook of Special-Language and Terminology Research. Halbbd. 1. Berlin et al.: de Gruyter, 157-168.

Janich, Nina (1998): Fachliche Information und inszenierte Wissenschaft. Fachlichkeitskonzepte in der Wirtschaftswerbung. Tübingen: Narr.

Kalverkämper, Hartwig (1980): Die Axiomatik der Fachsprachenforschung. In: Fachsprache (Wien) 2/1, 2-20.

Kalverkämper, Hartwig (1990): Der Einfluss der Fachsprachen auf die Gemeinsprache. Gemeinsprache und Fachsprachen – Plädoyer für eine integrierende Sichtweise. In: Stickel, Gerhard (Hrsg.): Deutsche Gegenwartssprache. Tendenzen und Perspektiven. Berlin et al.: de Gruyter, 88-133.

Kalverkämper, Hartwig (1998): Fach und Fachwissen. In: Ders. / Hoffmann, Lothar (Hrsg.): Fachsprachen / Languages for Special Purposes. Ein internationales Handbuch zur Fachsprachenforschung und Terminologiewissenschaft / An International Handbook of Special-Language and Terminology Research. Halbbd. 1. Berlin et al.: de Gruyter, 1-21.

Knobloch, Clemens (1987): Esoterik und Exoterik. Begriffsmoden in den Humanwissenschaften. In: Ders. (Hrsg.): Fachsprache und Wissenschaftssprache. Essen: Die Blaue Eule, 55-70.

Munsberg, Klaus (1994): Mündliche Fachkommunikation. Das Beispiel Chemie. Tübingen: Narr.

Opitz, Kurt (1981): Formelcharakter als Indiz für Fachsprachlichkeit. Ein definitorischer Ansatz. In: Kühlwein, Wolfgang / Raasch, Albert. (Hrsg.): Sprache: Lehren – Lernen. Bd. 1. Tübingen: Narr, 33-40.

Redder, Angelika / Wiese, Ingrid (Hrsg.) (1994): Medizinische Kommunikation. Diskurspraxis, Diskursethik, Diskursanalyse. Opladen: Westdeutscher Verlag.

Rehbein, Jochen (1998): Die Verwendung von Institutionensprache in Ämtern und Behörden. In: Hoffmann, Lothar / Kalverkämper, Hartwig (Hrsg.): Fachsprachen / Languages for Special Purposes. Ein internationales Handbuch zur Fachsprachenforschung und Terminologiewissenschaft / An International Handbook of Special-Language and Terminology Research. Halbbd. 1. Berlin et al.: de Gruyter, 660-675.

Roelcke, Thorsten (1999): Fachsprachen. Berlin: E. Schmidt.

Scharnhorst, Jürgen / Ising, Erika (Hrsg.) (1976): Grundlagen der Sprachkultur. Beiträge der Prager Linguistik zur Sprachtheorie und Sprachpflege. Teil 1. Berlin: Akademie.

Schmitz, Werner / Scheiner, Dieter (1983): Fachsprachenunterricht. In: Zielsprache Deutsch 14/4, 24-32.

Wilss, Wolfram (1981): Überlegungen zur syntaktischen Standardisierung fachsprachlicher Texte. In: Kühlwein, Wolfgang / Raasch, Albert. (Hrsg.): Sprache: Lehren – Lernen. Bd. 1. Tübingen: Narr, 49-56.

Wunderlich, Dieter (1970): Die Rolle der Pragmatik in der Linguistik. In: Der Deutschunterricht 22/4, 5-41.

Die „Sprache der Politik" unter linguistischer Betrachtung

Martin Lachout (Prag)

1. Einleitung

Auf Grund der fortschreitenden Globalisierung sowie der ständigen Weiterentwicklung der Wissenschaft und Technik gewinnen die sog. Fachsprachen an immer größerer Bedeutung. Damit verbunden ist auch die Tatsache, dass der Bestand des Fachwortschatzes in einzelnen Bereichen immer weiter zunimmt und einem raschen Wandel unterliegt.

Jeden Tag begegnen uns in den Medien oder in der Alltagskommunikation Texte, die neben Alltagsthemen auch Fachinhalte aus speziellen Fachgebieten behandeln. Jeden Tag hören wir, ohne dass wir uns dessen eigentlich bewusst sind, viele Wörter, die ursprünglich aus einer bestimmten Fachsprache stammen. So sind wir praktisch gezwungen, uns wohl oder übel mit dieser Art der Sprache auseinanderzusetzen und sie uns in gewissem Maße anzueignen. Umso wichtiger ist deshalb ein gutes Fachwissen für unsere StudentInnen, damit sie auf ihren künftigen Beruf umfassend vorbereitet sind. Es ist also unsere Aufgabe, ihnen dieses Fachwissen in den unterschiedlichsten Fachbereichen zu vermitteln und ihnen die Spezifika fachorientierter Texte aufzuzeigen, damit sie in der Lage sind, mit solchen Texten zu arbeiten und sie auch selbst zu verfassen. In meinem Beitrag werde ich diese Spezifika am Beispiel politischer und politikwissenschaftlicher Fachtexte analysieren.

2. Zum Begriff Fachsprache

Unter Fachsprachen verstehen wir heutzutage in erster Linie ein Kommunikationsmittel, das Fachleuten dazu dient, ihre fachlichen Sachverhalte prägnant darzustellen und mitzuteilen. Die Fachsprachenthematik ist zurzeit in der Fremdsprachendidaktik ein oft diskutiertes Thema (zum Ganzen Roelcke 2010). Wir sollten uns jedoch der Tatsache bewusst werden, dass das Interesse an Fachsprachen kein Novum ist. Die ersten Andeutungen der Wichtigkeit der Fachsprache können wir bereits im 19. Jahrhundert feststellen, wobei eine erste systematische Betrachtung der Fachsprachen v. a. aus funktionalsprachlicher Sicht eng mit der sogenannten „Prager Schule" („Pražský lingvistický kroužek") in der Zwischenkriegszeit des 20. Jahrhunderts und der Zeit nach dem Zweiten Weltkrieg verbunden ist.

Einen bedeutenden Beitrag für die Fachsprachenforschung hat vor allem Bohuslav Havránek in seinem Aufsatz „Úkoly spisovného jazyka a jeho kultura" geleistet. Er beschäftigt sich darin mit den funktionalen Unterschieden der Schriftsprache und der Literatursprache. Dabei unterscheidet er vier Funktionen der Literatursprache: die *kommunikative* Funktion, die *praktisch-spezielle* Funktion, die *theoretisch-spezielle* Funktion und die *ästhetische* Funktion. Diesen vier Funktionen ordnet Havránek dann vier „funktionale Sprachen" zu: die *Alltagssprache*, die *Sachsprache*, die *wissenschaftliche Sprache* und die *poetische Sprache*. Die Fachsprachenforschung beschäftigt sich Havráneks Klassifizierung nach also mit der Sachsprache und der Wissenschaftssprache.

Abb. 1: Sprachfunktionen nach Havránek

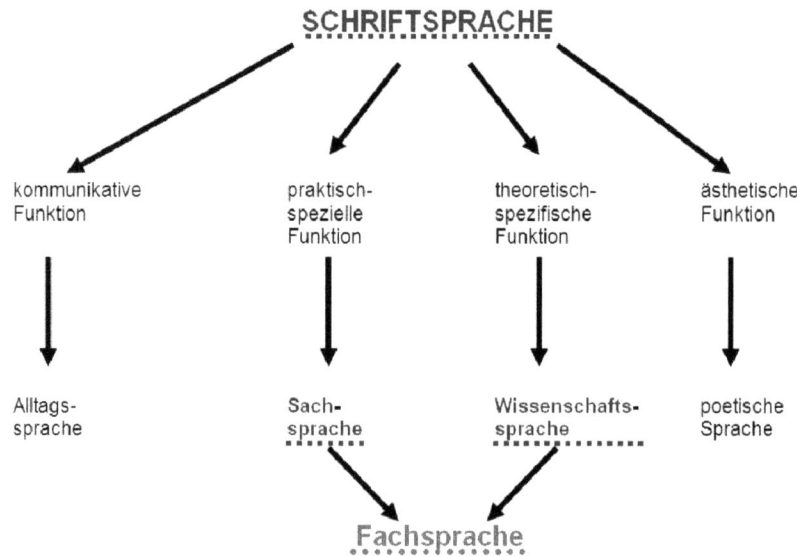

Das vorrangige Interesse an Fachsprachen finden wir aber zweifelsfrei in der Gegenwart. Dazu haben insbesondere technologische, wirtschaftliche und sozialpolitische Faktoren beigetragen. Die Herausbildung von Fachsprachen und die Auseinanderentwicklung der Alltagskommunikation und der Kommunikation unter Fachleuten bildet heute eine der zentralen Fragen nicht nur für die Sprachwissenschaft, sondern auch für die Soziologie bzw. Soziolinguistik (vgl. Varietätenlinguistik).

Sprachen, als historische Einzelsprachen gemeint, sind nämlich an eine konkrete Gesellschaft gebunden, an eine bestimmte Nation oder an eine konkrete soziale Schicht der jeweiligen Gesellschaft. Die Schichtung der Sprache ist durch die sozialen Gemeinschaften determiniert, durch ihre gegenseitigen Beziehungen. Jeder Mensch gehört im Laufe seines Lebens mehreren sozialen Gruppen an, es entstehen Gruppensprachen. Im Rahmen seiner Arbeitstätigkeit gliedert sich ein Mensch in Berufsgemeinschaften ein. Jedes Fachgebiet und die mit ihm verbundenen Berufe entwickeln dabei eigene Formen der Sprachverwendung, die man üblicherweise als Fachsprachen bezeichnet. Das wohl auffälligste Kennzeichen von Fachsprachen sind dem Fachgebiet eigene Begriffe, in denen sich das zu einem Gebiet gehörende Fachwissen widerspiegelt. Diese Begriffe werden als Termini bezeichnet, die dann alle zusammen das System der Terminologie bilden.[1] Es gibt jedoch eine ganze Reihe von weiteren Merkmalen, die der Fachsprache eigen sind. Außer durch die Verwendung von Termini und anderen Spezifika ihres Wortschatzes können sich fachsprachliche Texte auch durch eigene Textsorten sowie Eigenarten der Satzkonstruktion, Morphologie und Orthografie von der sogenannten Gemeinsprache abgrenzen.

Der Unterschied zwischen der Gemeinsprache und Fachsprache besteht darin, dass die Gemeinsprache „im ganzen Sprachgebiet gültig [und] allen Angehörigen der Sprachgemeinschaft verständlich [ist sowie] zum allgemeinen – nicht fachgebundenen – Gedankenaustausch [dient]", während die Fachsprache „sachgebundener Kommunikation unter Fachleuten dient" (Arntz / Picht / Mayer 2009, 20-24). Dabei können Fachsprache und Gemeinsprache nicht völlig voneinander getrennt werden, sondern überschneiden sich in vielerlei Hinsicht. Die Fachsprache nutzt zahlreiche Elemente aus der Gemeinsprache, denn ein Fachtext besteht nicht ausschließlich aus Fachwörtern. Die Gemeinsprache steht der Fachsprache außerdem als „Vorrat" zur Bildung neuer Termini zur Verfügung. Lothar Hoffmann (1987, 170) erklärt den Begriff Fachsprache folgendermaßen: „Fachsprache, das ist eine Gesamtheit aller sprachlicher Mittel, die in einem fachlich begrenzbaren Kommunikationsbereich verwendet werden, um die Verständigung zwischen den in diesem Bereich tätigen Menschen zu gewährleisten".

Die Fachsprache ließe sich auch noch auf andere Art und Weise charakterisieren. Sie bildet zum Beispiel auf Grund der Abgrenzung im Rahmen des Sprachsystems eine Variante, die parallel zur Alltagssprache besteht, unterscheidet sich jedoch durch besondere Ausdrucksweisen. Hinsichtlich der sprachlichen Merkmale und Auswahl der Formen stellt die Fachsprache eine Art Subsprache

---

1 Siehe dazu auch den Beitrag von Dagmar Weginger in diesem Band.

(Varietät) dar, die spezifische sprachliche Ausdrucksmöglichkeiten verwendet, die sich von denen der Standardsprache unterscheiden. Was die inhaltliche Seite anbelangt, dient die Fachsprache dem Ausdruck spezieller fachlicher Inhalte. Damit verbunden ist auch die Zielgruppe, die vorwiegend solch eine Fachsprache verwendet, und zwar die Sprecher, die gewöhnlich noch aktiv am Arbeitsprozess beteiligt sind und dem jeweiligen Fachgebiet angehören. Dabei spielt bei einer Fachsprache die Forderung nach Exaktheit und sprachlicher Ökonomie eine wesentliche Rolle.

Beneš unterscheidet aus der Sicht der „Prager Schule" vier Kriterien zur Klassifizierung von Fachtexten. Zu jedem dieser vier Kriterien gehört eine Gruppe von Merkmalen, die eine typologische Einordnung und zugleich eine verbale Beschreibung jedes Textes möglich machen (Beneš 1969, 227 ff.):

1. *Kommunikationsbereich und Themenkreis*: wissenschaftlicher Sachstil (Gesellschaftswissenschaften, Naturwissenschaften, angewandte Wissenschaften etc.), praktischer Sachstil (Wirtschaft, Technik, Sport etc.).
2. *Fachlichkeitsgrad und Einstellung zum Empfänger*: Forscherstil (Monografien, Fachaufsätze etc.), belehrender Stil (Einführungen, Zusammenfassungen etc.), Stil der Lehrbücher, Lexikonstil, Nachschlagewerke, populärwissenschaftlicher Stil.
3. *Medium der Mitteilung* (vorwiegend graphische Fassung): Kompositionsgliederung (Absätze, Titel, Zwischentitel, Fußnoten etc.), Ausdruckökonomie (durch Ziffern, Abkürzungen, Tabellen, Graphen etc.).
4. *Art der Stoffbehandlung, Stilverfahren, Darstellungsarten*: Berichte (Untersuchungsberichte, Referate, Zusammenfassungen etc.), Beschreibungen (Befunde, Gutachten etc.), Erörterungen (Untersuchungen, Darlegungen gesetzmäßiger Beziehungen etc.), Betrachtungen (Kritiken, Stellungnahmen etc.).

Abb. 2

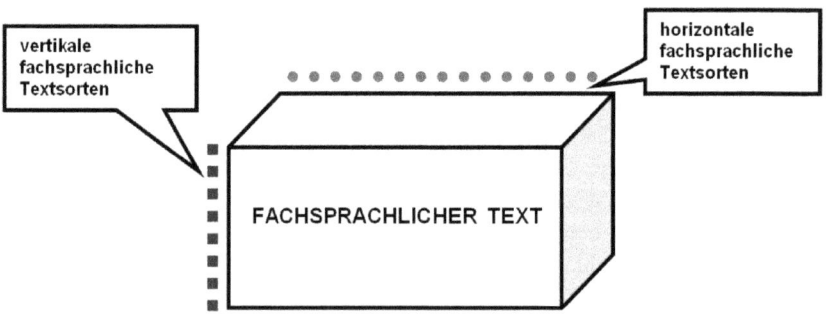

In der Fachliteratur können wir weitere Modelle der Einteilung von Sprache finden (Abb. 2). Gewöhnlich wird die Sprache vertikal in verschiedene Sprachebenen von Gemeinsprache bis Fachsprache eingeteilt – in verschiedene Abstraktionsstufen wie Wissenschaftler, Facharbeiter etc. –, wobei es innerhalb dieser Ebenen noch weitere Abstufungen gibt. Eine horizontale Einteilung erfolgt in einzelne Gebiete wie Wirtschaft, Recht, Medizin, Technik etc. Diese können dann noch enger unterteilt werden, so dass z. B. das Gebiet der Technik in verschiedene Disziplinen wie Maschinenbau, Bauwesen, Elektrotechnik, Fahrwerkzeugbau etc. unterteilt wird, innerhalb derer sich je eine eigene Fachsprache entwickelt. Anders gesagt bedeutet dies: Anzahl der Sachgebiete ist gleich Anzahl der Fachsprachen.

Eine andere Darstellung von Sprache führt Baldinger (1952, 90) am Modell eines Kreises an. Der innere Kreis stellt die Gemeinsprache dar. Der mittlere Kreis beinhaltet den der Gemeinsprache zugewandten Teil des Fachwortschatzes, d. h. Fachwörter (Termini), die auch von Nichtfachleuten verstanden werden können. Im äußeren Kreis befindet sich der der Gemeinsprache abgewandte Fachwortschatz. Die o. g. horizontale Einteilung in Fachgebiete, die immer weiter verfeinert werden kann, teilt den Kreis in Sektoren ein, in denen sich die jeweilige Fachsprache befindet.

Abb. 3: Modell nach Baldinger

Wie schon erwähnt wurde, stellt die Fachsprache eine Subgruppe der Gemeinsprache dar, wobei sie einige Besonderheiten aufweist. Wir können konstatieren, dass eine Fachsprache:

1. eine Varietät der Gesamtsprache ist;
2. die Gesamtheit aller sprachlichen Mittel ist, die auf den verschiedenen sprachlichen Ebenen (Morphologie, Lexik, Syntax, Text) ausgewählt werden;
3. sich das Ziel setzt, fachliche Inhalte sowohl in schriftlicher als auch in mündlicher Form zu realisieren;
4. der optimalen und sachgebundenen Verständigung unter Fachleuten dient.

Im Folgenden werde ich mich anhand einiger Beispiele ausführlicher dem Merkmal der Auswahl und Verwendung grammatischer und lexikalischer Mittel widmen (siehe dazu allgemein Helbig / Buscha 2011, Glück 2010, Bergerová 1997 / 1998). Wir haben festgestellt, dass es hinsichtlich der Vielfalt einzelner Fachgebiete in der heutigen Gesellschaft keine einheitliche Fachsprache geben kann. Es lassen sich jedoch auf der linguistischen Ebene Berührungspunkte feststellen, die für die alle Fachsprachen zutreffend sind. Es handelt sich im Wesentlichen um die Lexik, Wortbildung, Morphologie und Syntax.

3. Fachsprachen aus linguistischer Perspektive

3.1 Die Ebene der Lexik

Eines der auffälligsten Merkmale der Fachsprache ist zweifellos ihr Wortschatz. Die speziellen Ausdrücke, Fachwörter und Termini fallen dem Leser oder Hörer wohl als erstes auf. Sie dienen als Abbild der objektiven Realität, d. h. zur Benennung von Prozessen, Sachinhalten und Gegenständen, die für das gegebene Fachgebiet relevant sind. Das Ziel der Benutzung von Fachausdrücken ist es, eine bessere Kommunikation im jeweiligen Fachgebiet zu gewährleisten. Schmidt unterscheidet die Fachterminologie folgendermaßen (zit. nach Schippan 2002, 229):

Abb. 4: Fachterminologie nach Schmidt

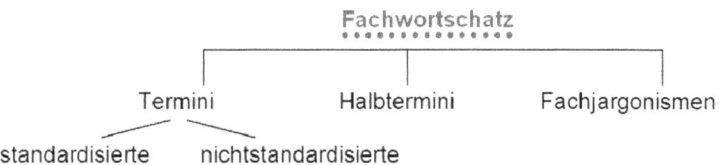

Termini sind nach Schmidt nur Fachwörter, deren Inhalt durch eine Definition gegeben ist. Sie stellen nur einen Teil des Fachwortschatzes dar. Halbtermini sind seiner Auffassung nicht definierte Fachwörter, die das Denotat in ausreichendem Maße detailliert bezeichnen. Fachjargonismen schließlich sind solche Ausdrücke, die praktisch Synonyme zu den exakten Termini sind, jedoch keinen Anspruch darauf erheben, exakt zu sein. Es handelt sich im Grunde genommen um eine saloppe kommunikative Form eines Terminus. Eine noch präzisere Klassifizierung des Wortschatzes finden wir bei Filipec (1975 / 1993):

Abb. 5: Klassifizierung des Wortschatzes nach Filipec

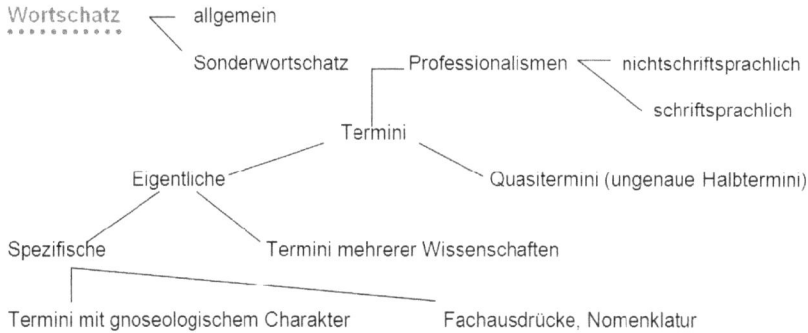

Der Fachwortschatz lässt sich demnach anhand der Fachlichkeit der einzelnen Ausdrücke in drei Gruppen einteilen, die für alle Fachsprachen gelten: *fachintern* für die Kommunikation zwischen zwei Fachleuten einer Disziplin, *interfachlich* für die Kommunikation zwischen zwei Fachleuten verschiedener Disziplinen und *fachextern* für die Kommunikation zwischen einem Experten und einem Laien. Diese Gliederung entspricht eigentlich der vertikalen Gliederung der Fachsprache.

Im Alltag gewinnt die fachexterne Kommunikation zunehmend an Bedeutung. Die Folge ist eine Fülle fachlich vermittelnder Textsorten, wie z. B. Ratgeber, Werbung, Gebrauchsanweisungen, Bedienungsanleitungen, Nachrichten etc. An dieser Stelle sollen einige Beispiele für die Ebene der Lexik aus dem Fachgebiet der Politikwissenschaft betrachtet werden. Es gibt relativ viele Möglichkeiten, den Fachwortschatz zu erweitern, wenn zum Beispiel Bedarf an neuen Benennungen besteht. Wohl die einfachste Art ist die *Polysemie*, also die Übernahme von standardsprachlichen Wörtern, die fachspezifisch gebraucht werden – z. B.: „Immunität", „Diät" (bei Politikern), „Kraft des Politbüros".[2]

---

2 Auf Einzelnachweise wird aus Gründen der Lesbarkeit verzichtet. Ein Verzeichnis der analysierten Texte, denen die Beispiele entnommen wurden, findet sich am Ende des Beitrags unter „Quellen".

Ein weiteres bedeutendes und sehr produktives Wortbildungsverfahren innerhalb der fachsprachlichen Wortbildung stellt die *Komposition* dar. Beispiele hierfür sind die „Ausländerfeindlichkeit", das „Abgeordnetenmandat", die „Gesetzgebung", der „Bundestag" etc. Der Grund dafür ist, dass sich Komposita im Rahmen der Fachsprache in besonderem Maße dazu eignen, neue Phänomene und Sachverhalte relativ einfach, dabei jedoch eindeutig und sprachökonomisch zu benennen. Es handelt sich eigentlich um kondensierte Mehrwortbenennungen oder um Kondensation ganzer Sätze (z. B. Attributsätze). Ein Kompositum besitzt die Fähigkeit, im Grundwort den Grundbegriff und im Bestimmungswort die Merkmalseingrenzung ganz deutlich darzustellen. Eine besondere Art der Komposition ist die Zusammensetzung mit Abkürzungen, Zahlen oder Symbolen, wie etwa in „EU-Richtlinie", „WHO-Plan", „3-Pfeiler-Struktur" oder „RC-Institutionalismus" („‚Rational-Choice'-Institutionalismus").

Keine Seltenheit ist auch die *Derivation*. Die dadurch gebildeten Fachbegriffe entstehen sowohl auf der Grundlage expliziter als auch impliziter Derivation. Häufig festzustellen sind: Derivate mit Präfixen und Suffixen wie „konkurrieren", „ratifizieren", „abstimmen", „versammeln"; substantivierte Infinitive wie „das Verordnen", „das Einmischen"; Substantive auf -er wie „Ratifizierer", „Gesetzgeber", „Wähler", „Freiberufler" bei Nomina agentis; Nomina actionis wie bei „Wachstum", „Entwurf"; ganz selten dann Nomina instrumenti wie bei „Institution", „Poster"; Adjektive mit Suffixen und Suffixoiden wie -bar, -fest, -reich, -los, -sicher und mit Fremdsuffixen: „einsetzbar", „satzungsfest", „zahlreich", „einwandfrei", „chancenlos", „sozialsicher", „diskutabel", „komplett", „effektiv", „konstruktiv"; schließlich Adjektive mit der Verneinung nicht-: „nichtleitend", „nichteuklidisch", „nichtrostend".

Die Konversion, d. h. der Übergang von einer Wortart in eine andere, wie z. B. „die Durchführungsverordnung" oder „der Rückgang", gilt allgemein als ein für Fachsprachen typisches Merkmal. Auch die Derivation dient der fachsprachlichen Ausdrucksökonomie, denn mit ihrer Hilfe kann man die manchmal zu langen Komposita, Mehrwortgruppen oder Sätze reduzieren. Es handelt sich um das Prinzip der Univerbierung, wenn aus zwei Wörtern ein einziges zusammenwächst.

Eine treffende Definition dieser lexikalischen Erscheinung finden wir bei Bußman (2002, 722): „Univerbierung entspricht einer allgemeinen strukturellen Tendenz der (syntaktischen) Vereinfachung zum Zwecke der Informationsverdichtung, sowie zu Vermeidung unhandlicher Konstruktionen". Beispiele hierfür sind „ein Grüner", also ein Politiker der Partei „Die Grünen", „Aussteiger" oder „Außenseiter". So entstandene fachsprachliche Ausdrücke tragen zu einer Konkretisierung der Benennung und zu einer höheren Anonymisierung bei.

Ein problematischer Bereich im Rahmen der Fachsprachen ist der Gebrauch von *Metaphern*. Schwierigkeiten können darin bestehen, dass die Bedeutung der

Metaphern kontextabhängig ist, was zu Missverständnissen führen kann. Auf der anderen Seite ist wahr, dass auch sie im Rahmen der fachsprachlichen Texte zur Geltung kommen. Relativ oft setzt sich die Metapher in der Sprache der Politik durch, z. B. in Ausdrücken wie „Hammelsprung", „Verteidigung des Gesetzvorschlags", „das Recht mit Füßen" treten etc.

Dem metaphorischen Gebrauch in der Fachsprache steht die *Metonymie* nahe, vor allem im Zusammenhang mit Eigennamen oder Ableitungen bzw. ihren Komposita: das „Hare-Niemeyer-Verfahren" (Sitzzuteilungsverfahren im Deutschen Bundestag), das „D'Hondt-Verfahren" (Auszählverfahren für die Wahlen zum Deutschen Bundestag).

Sehr verbreitet sind in der Fachsprache auch die sogenannten *Lehnübersetzungen* und *Fremdwörter*, vor allem, wenn die entlehnende Sprache einer anderen Sprachfamilie angehört als die Ursprungssprache. Meist handelt es sich dabei um Entlehnungen griechisch-lateinischen oder anglo-amerikanischen, aber auch französischen Ursprungs. In den analysierten Texten waren Beispiele wie „konkurrieren", „radikalisieren", „Dumping", „Politik", „Petition", „Subvention", „Extremismus", „Antisemitismus" und viele weitere mehr auffällig.

Unter Fachwörtern finden wir auch solche Wörter, die aus mindestens zwei Bestandteilen anderer Wörter bestehen und zu einem inhaltlich neuen Begriff verschmolzen sind. Solche Wörter werden als Kreuzwörter bzw. Wortkreuzungen oder auch als *Kontaminationen* bezeichnet. Beispiele hierfür sind „Demokratur" (aus „Demokratie" und „Diktatur"), „Euratom" (aus „Europa" und „Atom") oder Stagflation (aus „Stagnation" und „Inflation").

Ein weiteres Mittel der sprachökonomischen Reduktion ist die *Kurzwortbildung*. Im Falle dieser Wortbildungsart werden eigentlich keine neuen Wörter gebildet, es geht lediglich um eine Reduktion der formalen Seite eines Lexems, wobei sich die Inhaltsseite dieses Lexems nicht ändert. Zu einzelnen Resultaten der Kurzwortbildung zählen wir die Kopfwörter wie „der Vize" statt „der Vizepräsident", Klammerwörter wie „Rentengesetz" statt „Rentenanpassungsgesetz" und Initialwörter (Akronyme) wie „APO" (außerparlamentarische Opposition). Auch die Kurzwörter dienen neben der sprachlichen Ökonomie der Situationseindeutigkeit und der kommunikativen Spezifizierung.

Mit der zunehmenden Spezialisierung der einzelnen Fachbereiche besteht auch der Bedarf an Ausdrücken, die Neuartiges benennen bzw. mit einer neuen Bedeutung versehen werden – an *Neologismen*. Hier wurden folgende Wörter gefunden: „Fundamentalismus", „Altländer", „Neuländer", „politische Korrektheit". Nicht zuletzt kommen in Fachtexten häufig *Mehrwortbezeichnungen in festen Fügungen* (Phraseolexeme) vor, z. B. „Vertrag von Lissabon" oder „Samtene Revolution". Dazu werden in Fachtexten oft bestimmte Klassifikationen in Bezug auf den Sprechakt, die Intention oder die Geltung der Aussage getroffen:

„die Tatsache, dass ...", „das Problem besteht darin, dass ...", „im Falle, dass ..." „die Behauptung, dass ..." etc.

3.2 Die Ebene der Syntax

Auch bezüglich der Syntax weisen Fachsprachen gewisse Besonderheiten auf. Man kann zwar nicht behaupten, dass es sich dabei um eine *exklusive* Syntax handelt. Der Gebrauch bestimmter syntaktischer Strukturen unterscheidet sich in Fachsprachen jedoch von ihrem Gebrauch in der Gemeinsprache. Das Ziel dieser Strukturen ist, fachliche Inhalte möglichst präzise, unpersönlich und knapp darzustellen. So dominierten in den analysierten Texten die *Deklarativsätze*, die in Fachsprachen im Vergleich zu anderen Satzarten viel häufiger vorkommen als in der Gemeinsprache. *Interrogativsätze* werden in einigen Zeitungsartikeln, bei Diskussionen, auf Postern oder in Kampagnen verwendet, wie z. B. beim Slogan der „Versprochen-Gebrochen-Kampagne" der CDU im Bundestagswahlkampf 2002: „4 Millionen Arbeitslose. Wann wird wieder regiert? Wie viele Arbeitslose noch, Herr Schröder?" Oft handelt es sich dabei um eine der Subgruppen entsprechender Sätze, die *rhetorischen Fragen*. Ihre Aufgabe ist es, ein gewisses Problem ins Licht zu stellen, wie z. B. auf einem Wahlplakat der FDP, das das Foto einer jungen Frau im Bikini vor einer Tankstelle zeigt: „Bei diesen Preisen sollte man auch etwas erwarten können, oder?". Einen noch geringeren Anteil nehmen die Aufforderungssätze ein, die beim Rezipienten eine Reaktion hervorrufen sollen. Man findet sie in Mobilisierungsslogans wie „Schröder wählen!" (SPD) oder Profilierungsslogans wie „Brüder, durch Sonne zur Arbeit!" (Die Grünen). Neben diesen Satzarten waren auch Desiderativsätze zu finden wie z. B. in einer Anti-Stoiber-Kampagne zur Bundestagswahl 2002: „Er steht leider zu weit rechts!"

Auch der Satzbau fachsprachlicher Texte unterscheidet sich von der Gemeinsprache. In den von mir analysierten politisch orientierten Texten überwiegen *einfache Sätze* die zusammengesetzten. Wenn hingegen zusammengesetzte Sätze auftreten, dominiert dort deutlich die Hypotaxe gegenüber der Parataxe. Satzgefüge mit mehreren Nebensätzen oder sogar Perioden kommen in dieser Textart – die juristische Fachsprache einmal ausgenommen – nur selten vor. Der Grund dafür ist der Wunsch nach Übersichtlichkeit und Einfachheit der Fachkommunikation. Unter Nebensätzen nehmen *Attributsätze*, konkret die Relativsätze den ersten Platz ein. Ihr Vorteil ist, dass sie nicht nur der einfachen Beschreibung dienen, sondern man kann mit ihrer Hilfe auch einzelne Prozesse relativ einfach definieren und erläutern:

„Wahlkampf ist nicht mehr allein Sache der Partei oder der Parteizentralen, die eine Wahlkampfkommission einsetzen."

„Die öffentlich-rechtlichen Medien sind gesetzlich verpflichtet, den Parteien im Wahlkampf Sendezeit zur Verfügung zu stellen, in der sie mit Hilfe eigener Spots für sich werben können."

Neben Attributsätzen spielen in Fachtexten dieser Art auch *Objektsätze* oder *Infinitivkonstruktionen* statt Objektsätzen eine wichtige Rolle:

„Tony Blair verzichtete bei seinem Wahlkampf in Großbritannien monatelang darauf, den Parteivorstand einzuberufen."

Nach Attributsätzen und Objektsätzen ordnen sich *Konditionalsätze* syndetisch oder asyndetisch ein:

„Das besagt nicht, dass sich dadurch Einstellungen ändern, aber es kann für die Wahl ausreichend sein, wenn überhaupt etwas Bestimmtes aktualisiert wird. Wurde Helmut Kohl noch 1989 ‚unbeholfen, provinziell' genannt, so pries man ihn ein Jahr später als Staatsmann und Vollender der deutschen Einheit."

Auch *Finalsätze* finden sich häufig, wobei bei diesen Infinitivkonstruktionen mit „um ... zu + Infinitiv" vor Nebensätzen mit der Subjunktion „damit" bevorzugt werden. Festzustellen sind auch Finalsätze mit den Präpositionen „zu" / „zwecks" oder den Adverbien „dazu" / „dafür". Diese Erscheinung hängt wieder mit der Sprachökonomie zusammen;

„Auch die deutschen Parteien sind dazu übergegangen, PR-Agenturen zu beauftragen, um den Wahlkampf zu steuern, konkret, um das Image der Kandidaten und die Kontakte zu den Medien zu verbessern."

Zu nennen sind noch *Kausalsätze* mit den Subjunktionen „da" oder „weil":

„Entscheidend ist der positive Kontrast zum politischen Gegner, da dies eine Atmosphäre der Hoffnung entstehen lässt."

Satzwertige Konstruktionen, d. h. Infinitivkonstruktionen und Partizipialkonstruktionen sowie auch Passivkonstruktionen, die oft zur Angabe von Ursachen und Wirkungen, Orts- und Zeitverhältnissen dienen, stellen eine relativ häufige Erscheinung der fachsprachlichen Syntax dar. Andere Adverbialsätze wie z. B. Konzessivsätze, Konsekutivsätze, Modalsätze waren zwar vertreten, jedoch im Vergleich zu den oben genannten in geringerem Maße. Der Zweck solcher Nebensätze oder Satzkonstruktionen liegt in der Notwendigkeit einer hohen Exaktheit und Verständlichkeit innerhalb der Fachkommunikation:

„Wenngleich die Auswirkungen der Medien auf das konkrete Wahlverhalten nicht in allen Facetten messbar sind, ergibt sich für die Parteien dennoch ein schlüssiges Bild."

„Die Fernsehanstalten haben dabei keinerlei Einfluss auf den Inhalt, so dass selbst extremistische Parteien mit ihren Aussagen werben können."

Allgemein besteht in der Syntax der Fachssprache eine Tendenz zur Verwendung von *Nominalisierungen* (Nomina und nominalen Ausdrücken) wie „die Durchführungsverordnung", „der Rückgang", „das Verordnen", „die Forderung nach ..." etc. Es handelt sich dabei um Nomen, die Derivate aus anderen Wortarten sind, insbesondere von Verben. Diese Nomina sind dann die Bedeutungsträger, die Verben haben nur wenig Eigenbedeutung. Neben der Nominalisierung tendieren die Fachsprachen auch zu einem relativ häufigen Gebrauch von *Funktionsverbgefügen* wie z. B. „eine Entscheidung treffen", „zu Protokoll geben", „eine Abstimmung vornehmen", „Anklage erheben" etc. Die Verben haben hier fast einen Hilfsverbcharakter angenommen. Der Nominalcharakter der Terminologie bleibt erhalten, dabei bezeichnet die Verbform keine persönliche Aktion mehr. Sowohl die Nominalisierung als auch die Funktionsgefüge dienen in Fachsprachen der Anonymisierung und der Kondensation der Aussage. Die gleiche Aufgabe erfüllen auch Satzglieder bzw. Wortgruppen, die anstelle von Nebensätzen auftreten: „bei der Abstimmung des Gesetzes", „nach der theoretischen Klärung der Problematik" etc.

Obwohl ich weiter oben behauptet habe, dass Attributsätze als eine Art der Hypotaxe in der Fachsprache gebräuchlich sind, ist noch nachzutragen, dass auch die Attributsätze oft reduziert werden. Einer noch größeren Beliebtheit als Attributsätze erfreuen sich *erweiterte Attribute* oder *attributive Konstruktionen*. Die Rede ist dabei von Adjektivattributen wie „die rote Regierung", Partizipialattributen wie „die zur Zeit regierende Partei", Gerundive wie „das heute zu diskutierende Gesetz", Präpositionalattribute wie „der Vertrag von Lissabon" oder Genitivattribute wie „Werbung der Parteien um Wählerstimmen", „der Vorschlag des Abgeordneten" etc.

Nicht zuletzt ist an dieser Stelle auch auf den Gebrauch von *Verben mit Sein-Relation* („es ist", „es scheint", „es zeigt sich", „es verhält sich") und auf die Tendenz zur *Depersonalisierung* („man behauptet", „es wird als ... definiert") hinzuweisen.

3.3 Die Ebene der Morphologie

Ähnlich wie bei Lexik oder Syntax können wir auch auf der Ebene der Morphologie gewisse Besonderheiten feststellen. Dabei zeigt sich, dass sich eine „Morphologie der Fachsprachen" nur auf bestimmte Paradigmen und Strukturmodelle des deutschen Flexionssystems beschränkt. Beispielhaft werde ich mich hierbei dem Verb und seinen Kategorien widmen.

Person und Numerus: In Fachsprachen wird gewöhnlich die erste Person Singular vermieden. Demgegenüber wird die dritte Person bevorzugt, die einer unpersönlichen Darstellungsweise dient. Mit Hilfe der dritten Person können Beobachtungen von Zuständen, Prozessen und Erscheinungen, an denen der Autor nicht direkt teilnimmt gut beschrieben werden. Dies ist auch der Fall bei fachlichen Texten aus dem Bereich der Politikwissenschaft.

In bestimmten Texten können wir allerdings auch der ersten Person Plural begegnen. Der Gebrauch dieser Person hat zweierlei Funktionen: Erstens trägt sie dieselbe Aussage mit sich wie das unpersönliche Subjekt „man" der dritten Person Singular, zweitens kann sich aber auch eine persönliche Aussage transportieren und den Autor eine persönliche Stellung einnehmen lassen:

„Wer als Politiker vertrauenswürdig ist, dem traut man auch zu, dass er bessere ökonomische Verhältnisse schaffen wird."

„Aber nicht nur organisatorisch gibt es hierzulande immer mehr Anleihen aus dem US-Wahlkampf."

„Wir können uns individuell auch der anderen Dimensionen des religiösen und kirchlichen Lebens bewusst werden, aber im Rahmen einzelner wissenschaftlicher Disziplinen müssen wir von ihnen gewissermaßen absehen, weil es nicht möglich ist, sie durch zuständiges wissenschaftliches Instrumentarium zu operationalisieren."

Modus: Von den drei Modi, die im Deutschen unterschieden werden, ist in fachsprachlichen Texten unumstritten der Indikativ der häufigste. Diese Tatsache lässt sich einfach begründen, denn die Aufgabe dieser Art von Texten ist in der Regel, Informationen über existente Vorgänge zu vermitteln, das bedeutet, die Allgemeingültigkeit auszudrücken. Der Imperativ als Modus kommt in der „Sprache der Politik" selten vor, jedoch vielleicht etwas häufiger als in anderen Fachsprachen. In den von mir untersuchten Fachtexten war der Imperativ z. B. auf Wahlkampfpostern präsent: „Schröder wählen!", „Wir schaffen das!"

Der Konjunktiv kommt in den politischen Fachtexten natürlich nicht so oft vor wie der Indikativ; im Vergleich mit anderen Fachsprachen weist allerdings auch dieser Modus eine höhere Bedeutung auf. Der Konjunktiv I dient in politischen Texten sowohl zur Wiedergabe der Äußerungen dritter Personen oder zur Wiedergabe bestimmter Ergebnisse als auch dazu, bestimmten Angaben die Funktion einer Prämisse zuzuweisen. Den Konjunktiv II benutzt man vor allem dann, wenn Hypothesen formuliert werden sollen. Neben Konjunktivformen findet man in diesen Texten auch die Konditionalformen des Typs „würde + Infinitiv".

„Unter den Angehörigen dieses Milieus sei die Bereitschaft, sozialdemokratisch zu wählen, aufgrund von ‚Sachloyalitäten' in besonderem Maße vorhanden."

„Grundsätzlich habe die SPD das Problem, dass ihre Anhänger in zahlreichen und heterogenen Milieu vertreten seien, was eine programmatische Zielgruppenorientierung erschwere."

„Darum wäre auch ein schon öfter gefordertes Verbot von Sonntagsfragen vor Wahlen gar nicht zu rechtfertigen."

„Wenn es ihr nicht gelänge, die Arbeitslosigkeit signifikant zu senken, hätte seine Regierung es nicht verdient, wieder gewählt zu werden,"

„Wie würden Sie entscheiden, wenn am nächsten Sonntag Bundestagswahl wäre?"

Tempus: Das in den analysierten Texten am häufigsten verwendete Tempus ist das Präsens. Die anderen Tempora werden zwar auch genutzt, jedoch in einem geringeren Maße. Ganz selten ist dabei das Vorkommen des Futurs, dem gegenüber waren relativ oft Plusquamperfektformen festzustellen. Die Dominanz der Präsensformen ergibt sich aus der Aufgabe fachsprachlicher Texte, über dauerhafte Merkmale und Eigenschaften der beschriebenen Erscheinungen zu berichten (generelles Präsens). Es handelt sich dabei um allgemeingültige Aussagen. Durch die Präsensformen werden Fachtexte anonymisiert. Daneben wurden die Präsensformen auch anstelle des Präteritums (historisches Präsens) benutzt, z. B. in Schlagzeilen:

„In einem gemeinsamen Entwurf hatten sich SPD, CDU/CSU, Bündnis 90/Die Grünen und FDP fraktionsübergreifend verständigt."

„Im Bundestagswahlkampf 1980, als sich mit Franz Josef Strauß zum ersten Mal ein CSU-Politiker um das Amt des Bundeskanzlers bewarb, hatte es erhebliche Dissonanzen zwischen den Generalsekretären Heiner Geißler (CDU) und dem jungen Edmund Stoiber gegeben."

„Die Genauigkeit der Vorhersagen wird sich jedoch nicht wesentlich verbessern lassen."

Genus verbi: Als dominierendes Genus lässt sich beim Verb selbstverständlich das Aktiv feststellen, Im Vergleich zur Gemeinsprache wird in Fachtexten jedoch auch das Passiv, vor allem in den Formen des Vorgangspassivs, vielfach häufiger benutzt. Neben den Passivformen werden auch seine Konkurrenzformen verwendet, wie z. B. Reflexivkonstruktionen, sich lassen + Infinitiv, Verben mit Reflexivpronomen, Umschreibungen der Personalform mit dem unpersönlichen Subjekt „man" etc. Sowohl die Passivformen als auch die Konkurrenzformen dienen zur Anonymisierung der Aussage:

„Hierbei wird unterstellt, dass politische und wirtschaftliche Entscheidungsprozesse prinzipiell nach vergleichbaren Regeln ablaufen."

„Darüber hinaus wird bei diesem Verfahren eine wesentlich größere Anzahl von Personen befragt, was die Fehlertoleranz verkleinert."

„Man verkürzt jedoch die so genannte Amerikanisierung der Wahlkämpfe, wenn man in ihr nur eine populistische Verflachung sieht."

Besonderheiten in der Flexion weisen auch Nomina auf, denen hier aber keine Aufmerksamkeit gewidmet werden soll. Als weitere Spezifika der fachsprachlichen Texte wären an dieser Stelle noch z. B. die *Abtönungspartikeln* wie z. B. „relativ", „einigermaßen", „ziemlich", „mehr oder weniger", „ungefähr", „verhältnismäßig" etc., weitere *sekundäre Präpositionen* wie „angesichts", „hinsichtlich", „ungeachtet", „auf Grund von", „in Hinblick auf", „in Bezug auf" etc. oder *Modalpartikeln* zur modalen Kennzeichnung von Propositionen „normalerweise", „zweifellos", „meiner Ansicht nach", „in der Regel" etc. zu erwähnen.

4. Fazit

In diesem Beitrag wurden die spezifischen Merkmale fachorientierter Texte am Beispiel von Textmaterial aus dem Fachgebiet der Politikwissenschaft aufgezeigt, unter besonderer Berücksichtigung der Ebene des Wortschatzes, der Syntax und beschränkt auch der Morphologie. Dieser Beitrag kann als elementarste Grundlage für den fachorientierten Unterricht bei fortgeschrittenen StudentInnen dienen, um ihnen die Regularitäten dieser spezifischen Textart zu präsentieren.

Literatur

Arntz, Reiner / Picht, Heribert / Mayer, Felix (2009): Einführung in die Terminologiearbeit. Hildesheim et al.: Olms.
Baldinger, Kurt (1952): Über die Gestaltung des Wissenschaftlichen Wörterbuchs. Historische Betrachtung zum neuen Begriffssystem als Grundlage für Lexikografie von Hallig und Wartburg. In: Romanistisches Jahrbuch 5, 65-94.
Beneš, Eduard (1969): Zur Typologie der Stilgattungen der wissenschaftlichen Prosa. In: Deutsch als Fremdsprache 6/3, 225-233.
Bergerová, Hana (1997): Vergleichssätze in der deutschen Gegenwartssprache. Syntaktische und semantische Beschreibung einer Nebensatzart. Frankfurt am Main et al.: Peter Lang.
–. (1998): Zu Problemen der Nebensatzbeschreibung am Beispiel der Vergleichssätze. In: Deutsch als Fremdsprache 37/3, 148-153.
Bußmann, Hadumod (Hrsg.): Lexikon der Sprachwissenschaft. 3., aktualisierte und erw. Aufl. Stuttgart: Kröner 2002.
Filipec, Josef (1975 / 1993): Zur Frage des Systems in der Terminologie. In: Laurén, Christer / Picht, Heribert (Hrsg.): Ausgewählte Texte zur Terminologie. Wien: TermNet, 109-120.
Glück, Helmut (Hrsg.) (2005): Metzler Lexikon Sprache. 4., aktualisierte und überarb. Aufl. Stuttgart et al.: Metzler.
Havránek, Bohuslav (1932): Úkoly spisovného jazyka a jeho kultura [Die Aufgaben der Literatursprache und ihre Kultur]. In: Ders. / Weingart, Miloš (Hrsg.): Spisovná čeština a jazyková kultura [Tschechische Literatur und Sprachkultur]. Prag: Melantrich, 32-84. Deutsche Übersetzung in: Scharn-

horst, Jürgen / Ising, Erika (Hrsg.) (1976): Grundlagen der Sprachkultur. Beiträge der Prager Linguistik zur Sprachtheorie und Sprachpflege. Bd. 1. Berlin: Akademie, 103-141

Helbig, Gerhard / Buscha, Joachim (2011): Deutsche Grammatik. Ein Handbuch für den Ausländerunterricht. 7. Aufl. Berlin et al.: Langenscheid.

Hoffmann, Lothar (1987): Kommunikationsmittel Fachsprache. Eine Einführung. 3., durchges. Aufl. Berlin: Akademie.

Roelcke, Thorsten (2010): Fachsprachen. 3., neu bearb. Aufl. Berlin: Erich Schmidt.

Schippan, Thea (2002): Lexikologie der deutschen Gegenwartssprache. 2., unveränd. Aufl. Tübingen: Niemeyer.

Quellen

Artz, Verena (2007): pocket Zeitgeschichte Deutschland 1945-2005. Bonn: Bundeszentrale für politische Bildung.

Backes, Uwe (2001): Gestalt und Bedeutung des intellektuellen Rechtsextremismus in Deutschland. In: Aus Politik und Zeitgeschichte B 46, 24-30.

Deutscher Bundestag (2008): Geschäftsordnung des deutschen Bundestages und Geschäftsordnung des Vermittlungsausschusses. Rheinbreitbach: NDV.

Fiala, Petr (1999): Die katholische Kirche im postkommunistischen Transformationsprozess der Tschechischen Republik. In: Středoevropské politické studie [Mitteleuropäische Politische Studien] 1/1, 1-10.

Ganghof, Steffen / Manow, Philip (Hrsg.) (2005): Mechanismen deutscher Politik. Strategische Interaktion im deutschen Regierungssystem. Frankfurt am Main et al.: Campus.

Hanke-Giesers, Britta (2008): Blickpunkt Bundestag Spezial. Fraktionen im Bundestag. Berlin: Deutscher Bundestag.

Kiessling, Andreas (2001): Politische Kultur und Parteien in Deutschland. Sind die Parteien reformierbar? In: Aus Politik und Zeitgeschichte B 10, 29-37.

Linn, Susanne / Schreiner, Hermann J. (2009): *So arbeitet der Deutsche Bundestag*. Organisation und Arbeitsweise. Rheinbreitbach: NDV.

Mareš, Miroslav (2006): Die Politik in Tschechien nach den Wahlen 2006. ISPO Working Paper 6. Online unter: http://ispo.fss.muni.cz/uploads/2download/ Working_papers/ispo_wp_2006_6.pdf, letzter Zugriff: 25.11.2011.

Osten, Walter (1964): Die Deutschlandpolitik der Sowjetunion in den Jahren 1952/55. In: Osteuropa 14/1, S. 1-13.

Sturzbecher, Dietmar / Landua, Detlef (2001): Rechtsextremismus und Ausländerfeindlichkeit unter ostdeutschen Jugendlichen. In: Aus Politik und Zeitgeschichte B 46, 6-15.

Die Fachsprache der Europäischen Sicherheits- und Verteidigungspolitik anhand ausgewählter deutscher, tschechischer und italienischer Termini

Dagmar Weginger (Liberec)

1. Einleitung

Fachbezogene Kommunikation hat in den letzten Jahrzehnten immer mehr an Bedeutung gewonnen. Gleichzeitig mit der Zunahme menschlichen Wissens in den unterschiedlichsten Bereichen, nicht zuletzt durch die starke Verbreitung der Massenmedien, wie TV und Internet, hat auch der Umfang der Fachwortbestände eine ständige Erweiterung erfahren. In diesem Kontext ist Terminologie „als ein Teil der Sprache in einem Fachgebiet und damit als ein Teil von Fachsprache" (Arntz / Picht / Mayer 2004, 10) zu verstehen.

In meinem Beitrag zur Fachsprache der Europäischen Sicherheits- und Verteidigungspolitik (ESVP) möchte ich einen groben Überblick über diese Fachsprache liefern sowie einige ausgewählte Termini zum besseren Verständnis näher erläutern. Die im Beitrag erwähnten Begriffe beziehen sich in erster Linie auf meine im Mai 2009 in überarbeiteter Form publizierte Diplomarbeit (Weginger 2009), welche die Terminologie der ESVP in den Sprachen Deutsch, Italienisch und Tschechisch in ihrem Gesamtbestand darstellt und vergleicht. Unter „Terminologie der Europäischen Sicherheits- und Verteidigungspolitik" verstehe ich die Gesamtheit der Fachbegriffe und -benennungen, die dem weiten Feld der ESVP und ihren verschiedenen Teilgebieten zugeordnet werden können.

Das Fachgebiet der ESVP ist ein nicht immer scharf abgegrenztes, das unter anderem die Bereiche Militärpolitik, Sicherheitspolitik, Terrorismusbekämpfung sowie viele weitere umfasst. Daher darf es nicht verwundern, dass die Fachsprache der ESVP keine einheitliche Fachsprache darstellt, sondern Terminologien aus den unterschiedlichsten Bereichen mit einbezieht.

2. Gemeinsprache und Fachsprache

Bevor ich hier die Unterschiede zwischen Gemein- und Fachsprache genauer erörtere, möchte ich darauf hinweisen, dass es eigentlich nicht ganz angebracht und passend ist, von Fachsprache im Singular zu sprechen, da offensichtlich jedes einzelne Fachgebiet seine eigene „Fachsprache" besitzt. Dennoch gibt es etwas, das allen diesen „Sprachen" gemein ist und zwar die Tatsache, dass sie sich auf ein bestimmtes Fachgebiet beziehen, d. h. ein konkretes Fachgebiet wird durch eine besondere Betrachtungsweise dargestellt. Durch diesen besonderen, „fachlichen" Blickwinkel unterscheiden sich die Fachsprachen von der Gemeinsprache, die sich in erster Linie durch Universalität auszeichnet (Seibicke 1959 / 1981, 41). Der Einfachheit wegen werde ich dennoch in der Folge von Fachsprache in der Einzahl sprechen.

Die Schwierigkeit einer Definition von Fachsprache liegt vor allem darin, dass diese meist kontrastierend zum Begriff der Gemeinsprache verwendet wird (Fluck 1996, 11). Zunächst soll der Bereich der Gemeinsprache vom Bereich der Fachsprache abgegrenzt werden. Lewandowski definiert Fachsprachen folgendermaßen: „Fachsprachen [special languages, language for specific purposes]. Auch: Berufssprachen. Sprachen der fachlichen bzw. beruflichen Spezialisierung, die sich gegenüber der Umgangs- oder Standardsprache (auch Gemeinsprache) vor allem durch einen erweiterten und spezialisierten Wortschatz, aber auch durch syntaktische und textuelle Besonderheiten sowie durch intensive Nutzung bestimmter Wortbildungsmodelle auszeichnen. […]" (Lewandowski 1994, 293)

In diesem Zusammenhang sei das Deutsche Institut für Normung (DIN) erwähnt, das, ebenso wie die International Organization for Standardization (ISO), Terminologien unterschiedlicher Fachgebiete ein- oder mehrsprachig festlegt (Arntz 1999, 77). Fachsprache wird in der Norm 2342, Teil 1 vom Oktober 1992 wie folgt definiert: „Fachsprache [ist] der Bereich der Sprache, der auf eindeutige und widerspruchsfreie Kommunikation im jeweiligen Fachgebiet gerichtet ist und dessen Funktionieren durch eine festgelegte Terminologie entscheidend unterstützt wird" (zit. nach Arntz / Picht / Mayer 2004, 10). Die Grenzen zwischen Fach- und Gemeinsprache sind selbstverständlich fließend, weil sich diese beiden Bereiche nicht eindeutig voneinander unterscheiden lassen und häufig interagieren. „Gemeinsprache" wird in der DIN-Norm als „Kernbereich der Sprache, an dem alle Mitglieder einer Sprachgemeinschaft teilhaben" definiert (ebd.). Generell lässt sich sagen, dass Fachsprache durch Interaktion, d. h. durch Differenzierung und Erweiterung aus der Gemeinsprache entstanden ist (Fluck 1996, 175).

Oberstes Gebot der Fachsprache ist die Eindeutigkeit, Genauigkeit sowie eine klar „umrissene" Bedeutung der Begriffe. Ein wesentlicher Unterschied zwischen Fach- und Gemeinsprache besteht darin, dass in der Gemeinsprache alle Wortarten vertreten sind und dass sie reich an emotionalen Ausdrücken ist, die der Fachsprache zur Gänze fehlen. Weitere Charakteristika sind die häufige Verwendung von Nomina bzw. Nominalstilformen sowie die Tatsache, dass die Fachsprache keine eigenen syntaktischen Mittel hervorbringt (Seibicke 1959 / 1981, 52 ff.).

Fachsprache und Gemeinsprache beeinflussen sich gegenseitig und stehen zeitgleich in einem engen Abhängigkeitsverhältnis zueinander. Fachsprache ist jedoch ohne Gemeinsprache undenkbar, dagegen kann die Gemeinsprache auch als eigenständiger Bereich bestehen. Umgekehrt finden nach sich nach Arntz, Picht und Mayer in der Gemeinsprache auch Redensarten ursprünglich fachlichen Charakters, wie zum Beispiel „Pläne schmieden", „alles über einen Kamm scheren", „etwas geschickt einfädeln" usw. (Arntz / Picht / Mayer 2004, 21). Die Autoren betonen, dass im Normalfall die Voraussetzungen für den zwischensprachlichen Vergleich in Fachsprachen günstiger sind als in der Gemeinsprache, weil der *Begriffsinhalt* des Fachwortes von Bedeutung ist. Konnotationen spielen eine eher untergeordnete Rolle (ebd., 151).

Dennoch sei in diesem Zusammenhang festgehalten, dass die Aufnahme von Fachwendungen, d. h. fachsprachlichen Wendungen (z. B. „den Hochofen abstechen") in die Terminologiearbeit eine wichtige Grundlage für die korrekte Erfassung der Terminologie sowie deren fachgerechte Verwendung ist (Arntz 1999, 81): „Voraussetzung für die Zusammenführung eines Terminus in einer Sprache und seines Gegenstücks in einer anderen Sprache ist ihre begriffliche Übereinstimmung, d. h. ihre Äquivalenz." (Arntz / Picht / Mayer 2004, 152). Diese Äquivalenz ist laut Arntz, Picht und Mayer dann gegeben, wenn zwei Termini in sämtlichen Begriffsmerkmalen übereinstimmen, d. h. eine begriffliche Identität vorliegt (ebd.). Generell sind die Voraussetzungen für den zwischensprachlichen Vergleich in der Fachsprache günstiger als in der Gemeinsprache, weil Konnotationen, die Sprecher mit einem Wort verbinden, ein besonderes Problem beim Übersetzen von Texten darstellen. Konnotationen spielen in der Gemeinsprache eine weitaus größere Rolle als in der Fachsprache, wo der Bedeutungsinhalt eines Fachwortes durch seine Position im terminologischen System – d. h. im Begriffssystem oder -feld – festgelegt wird (Möhn 1968 / 1981, 197). Für den Übersetzungsprozess ist der Äquivalenzgrad von Benennungen in der Ausgangs- sowie in der Zielsprache von grundlegender Bedeutung; nicht in jedem Fall kann beim Vergleich von Benennungen in verschiedenen Sprachen von Volläquivalenz gesprochen werden. Hinsichtlich der Äquivalenz von Benennungen ist die Gleichartigkeit bzw. Gleichwertigkeit der Bezugsquellen von grundlegender Bedeutung.

Terminologisierung bedeutet nun, dass „einem gemeinsprachlichen Wort ein neuer, fachlicher Begriffsinhalt zugeordnet" wird (Arntz 1999, 80). Als Beispiel dafür kann der Begriff „Abschreckung" genannt werden. In der Militärfachsprache wird dieser Terminus folgendermaßen definiert: „[U]nter Abschreckung ist das Bemühen zu verstehen, den Willen eines potentiellen Gegners dahingehend zu beeinflussen, dass er auf eine mögliche oder bereits begonnene Aggression verzichtet, weil das militärische Risiko unkalkulierbar oder besser ausgedrückt: kalkuliert untragbar ist. Als Varianten der Abschreckung sind denkbar und in der Realität des Ost-West-Konfliktes auch vorzufinden: die Abschreckung durch Vergeltung und Bestrafung sowie die Abschreckung durch Zunichtemachen und Verweigerung. Die Mittel der Abschreckung sind sowohl konventionelle als auch taktisch-nukleare als auch strategische Streitkräfte." (Weginger 2009, 45)

Die italienische Definition für „deterrenza" lautet: „[I]nsieme delle possibili misure capaci di influire direttamente su una certa linea di condotta politica o militare avversaria, limitando le scelte a disposizione della stessa con la minaccia di ritorsioni fino a livelli inaccettabili. Naturalmente l'efficacia del concetto di Deterrenza sta proprio nella credibilità che la minaccia di ritorsione rappresenta in se stessa." (ebd.)

Das tschechische Äquivalent „odstrašení" wird folgendermaßen definiert: „Preventivní strategie snažící se odradit protivníka od jednání, pro které by se mohl bez nátlaku rozhodnout. Zakládá se na psychickém ovlivnění rozhodovacích orgánů prostřednictvím vyvolání strachu z možného potrestání nebo prostřednictvím vytvoření podmínek pro racionální kalkulaci, podle níž by eventuální zisk byl nesouměřitelný se ztrátou." (ebd.)

3. Terminologielehre

Die Terminologielehre als die „Wissenschaft von Fachwortschätzen" ist ein noch junger, interdisziplinärer Zweig der Sprachwissenschaft, der sich ausschließlich mit dem aktuellen Wortschatz einer oder mehrerer Sprachen beschäftigt (Arntz / Picht / Mayer 2004, 5). Unter Terminologie versteht man nach der DIN-Norm 2342 den „Gesamtbestand der Begriffe und ihrer Benennungen in einem Fachgebiet" (zit. ebd., 10). In der oben genannten Definition stoßen wir auf die Vokabeln „Begriff" und „Benennung" – worin besteht hier der Unterschied? Beide sind wesentliche Bestandteile der Terminologielehre, die das sogenannte „erweiterte semiotische Dreieck" bilden. In der Gemeinsprache versteht man unter „Begriff" den „Bedeutungsinhalt eines Wortes", in der Fachsprache hingegen wird „Begriff" wie folgt definiert: „Denkeinheit, die aus einer Menge von Gegenständen unter Ermittlung der diesen Gegenständen gemeinsamen Eigenschaften mittels Abstraktion gebildet wird" (ebd., 37). „Benennung" ist hingegen das, was im allgemeinen Sprachgebrauch oft fälschlicherweise als „Begriff" bezeichnet wird. Die Terminologielehre definiert Benennung als eine „aus einem Wort oder mehreren Wörtern bestehende Bezeichnung" (ebd.).

In der Norm DIN 2330 werden die Anforderungen an Benennungen formuliert; dazu zählen Genauigkeit und Knappheit von Benennungen sowie Orientierung am anerkannten Sprachgebrauch. Für die Praxis bedeutet dies, dass Benennungen präzise, kurz und bündig sowie dem gängigen Sprachgebrauch angepasst sein sollten. Im Idealfall soll in der Terminologiearbeit eine eindeutige Beziehung zwischen Begriff und Benennung hergestellt werden, die entweder dadurch erreicht werden kann, dass ein Begriff lediglich durch eine einzige Benennung beschrieben wird – in diesem Fall liegt keine Synonymie vor –, oder dass die betreffende Benennung nur einen Begriff wiedergibt – somit liegt auch keine Polysemie vor (Arntz 1999, 80 f.).

Synonymie in der Fachsprache widerspricht eigentlich dem Präzisionscharakter dieser auf Eindeutigkeit ausgelegten Sprache, dennoch bringt auch die Fachsprache immer wieder synonyme Benennungen hervor. Was die Terminologie der ESVP betrifft, können wir als Beispiel den Terminus „Massenvernichtungswaffen" mit der Kurzform „MVW" und dessen Synonym „ABC-Waffen" nennen. Die deutsche Definition von Massenvernichtungswaffen lautet: „Massenvernichtungswaffen sind atomare, biologische und chemische Kampfmittel (kurz: ABC-Waffen), die in ihrer Wirkung die herkömmlichen Waffen um ein Vielfaches übertreffen" (Weginger 2009, 124). Betrachten wir die Benennung ABC-Waffen, d. h. atomare, biologische und chemische Waffen, genauer, können wir feststellen, dass diese Benennung durch Kürzung bzw. Abkürzung entstanden ist. Die diesbezügliche tschechische Benennung lautet „zbraně hromadného ničení" mit der Abkürzung „ZHN" und die italienische „armi di distruzione in massa" mit der Kurzform „ADM".

Definitionen sind für die Terminologielehre und die Terminologiearbeit von grundlegender Bedeutung, denn hier stehen Begriffe, die mit sprachlichen Mitteln beschrieben beziehungsweise näher eingegrenzt werden müssen, im Mittelpunkt. Die Definition von „Definition" in der DIN-Norm 2342 lautet: „Begriffsbestimmung mit sprachlichen Mitteln" (zit. nach Arntz / Picht / Mayer 2004, 59). Ähnlich wie der „Terminus", der sich in „Begriff" und „Benennung" unterteilen lässt, ist die Definition eine „Gleichung", „bei der auf der linken Seite der durch eine Benennung ausgedrückte Begriff, das Definiendum, und auf der rechten Seite die Inhaltsbeschreibung des Begriffs, das Definiens steht. Zwischen beiden steht der Definitor, in der Regel ein Doppelpunkt oder ein Gleichzeichen" (ebd., 60). Als Beispiel hierfür soll der Terminus „Zivilschutz" / „civilní ochrana" / „protezione civile" dienen:

„Zivilschutz = die Sammelbezeichnung für öffentliche und private Maßnahmen zum Schutz der Bevölkerung in einem Verteidigungsfall. Der Zivilschutz wird weltweit als humanitäre Aufgabe gesehen und genießt völkerrechtlich besonderen Schutz." (Weginger 2009, 206 f.)

„Civilní ochrana = Mobilizace, organizace a řízení civilního obyvatelstva s cílem minimalizovat pasivními opatřeními dopady činnosti nepřítele na všechny oblasti života občanů." (ebd.)

„Protezione civile = Settore della difesa civile che si occupa del soccorso organizzato in favore della popolazione civile nel caso di calamità naturali o disastri accidentali, oppure di conflitti armati, con lo scopo di ridurre al minimo le perdite umane e i danni ai beni di carattere civile, nonché di aiutare la popolazione civile a superare gli effetti immediati di calamità o bombardamenti, e di assicurare le condizioni necessarie alla sopravvivenza. Fra le sue attività sono da comprendere le misure preventive nei riguardi delle calamità naturali, degli incendi, della radioattività; la messa in opera di un sistema articolato di allarme; la normativa per le costruzioni antisismiche; l'approntamento di ricoveri; la pianificazione per la eventuale evacuazione della popolazione civile da un determinato territorio. " (ebd.)

4. Entlehnung und Lehnübersetzung

An dieser Stelle sei auch der Unterschied zwischen Entlehnung und Lehnübersetzung erwähnt. Unter Entlehnung versteht man die unveränderte Übernahme eines Wortes aus einer anderen Sprache. Dabei griff man auf das Lateinische und Griechische zurück; seit einigen Jahrzehnten häufen sich Entlehnungen aus dem Englischen, z. B. „Computer", „Software" etc. (Arntz / Picht / Mayer 2004, 119 f.). Die Entlehnung bietet sich besonders in jenen Fällen an, in denen der Begriffsinhalt für ein bestimmtes Sprachgebiet der Ausgangssprache sehr typisch und daher nur schwer übertragbar ist, z. B. „ombudsman" in Schweden (ebd., 156). Da sowohl bei der Europäischen Union (EU) im Allgemeinen als auch im Bereich der ESVP im Besonderen die englische Sprache klar dominiert, kommen auch hier unzählige Entlehnungen zum Tragen. Beispiele hierfür sind u. a. die „Gendarmerie-Force", die „Battle Group", das „Helsinki Headline Goal" oder die „Task Force". Im Zuge meiner Terminologierecherche konnte ich feststellen, dass beispielsweise die Benennung „Task Force" in alle drei untersuchten Sprachen Eingang gefunden hat. Die deutsche Definition lautet: „Eine Truppe, die entsprechend ihres meist zeitlich begrenzten speziellen Auftrags außerhalb der normalen Organisationsform gegliedert, ausgerüstet und entsprechend ausgebildet ist" (Weginger 2009, 185); im Italienischen wird Task Force wie folgt definiert: „[F]ormazione navale in grado di compiere azioni belliche in piena autonomia operativa; unità militare o di polizia preparata a intervenire in situazioni d'emergenza. Gruppo di esperti e tecnici costituito per prendere decisioni di tipo operativo in campo economico, industriale e politico" (ebd.). Der Terminius hat ebenso Eingang in die tschechische Fachsprache gefunden, hier wird in Fachkreisen jedoch häufiger die Lehnübersetzung „úkolové uskupení" mit der Definition „dočasné uskupení jednotek pod velením stanoveného (určeného) velitele, které nemá stálou organizaci a je vytvořené za účelem provedení určité operace nebo splnění určitého úkolu" (ebd.) verwendet.

Die Lehnübersetzung hingegen „überträgt die einzelnen Wortelemente in die Zielsprache, ohne die innere Struktur der Benennung zu verändern [...]" (Arntz / Picht / Mayer 2004, 120). Ein Beispiel aus dem Glossarteil meiner Publikation sind die „Vertrauens- und sicherheitsbildenden Maßnahmen" vom englischen „Confidence and Security Building Measures". Die tschechische Lehnübersetzung lautet „opatření na posilování důvěry", die italienische „misure miranti a rafforzare la fiducia". Beim Großteil der Fachausdrücke handelt es sich um Lehnübersetzungen; dabei wird das Original wortwörtlich in die Zielsprache übersetzt.

Werden zwei einsprachige Systeme zu einem zweisprachigen System zusammengeführt, kann jedoch auch das Problem der sogenannten „terminologischen Lücke" auftreten, wobei hier grundsätzlich zwischen Benennungslücke und Begriffslücke unterschieden wird. Eine Benennungslücke liegt vor, „wenn beide Begriffssysteme grundsätzlich die gleiche Struktur aufweisen, jedoch ein Begriff in einer der beiden Sprachen (noch) nicht benannt ist" (ebd., 166). In so einem Fall ist es ratsam, die Benennung mittels Lehnübersetzung in die andere Sprache zu übertragen. Schwieriger und komplexer für den Terminologen ist die Begriffslücke, die dann auftritt, „wenn die fachliche Realität in beiden Sprachen unterschiedlich strukturiert wird, so dass es zu einer Überschneidung beider Systeme kommt" (ebd., 168). Die Fragestellung der kulturbedingten unterschiedlichen Begriffsauffassung und in der Folge jene der terminologischen Lücken, die meist bei der Erstellung mehrsprachiger Glossare Probleme bereiten, war im Fall meiner Untersuchung nicht vorhanden. Diese Problematik trat in den Hintergrund, weil als Bezugsquellen in erster Linie die in die Amtssprachen der EU Union übersetzten offiziellen Rechtstexte und Beschlüsse herangezogen wurden und somit der Entwicklungsstand der betreffenden Terminologie größtenteils einheitlich war. Vereinzelt traten Schwierigkeiten bei Termini auf, die ich aus jenen EU-Dokumenten extrahierte, die lediglich in die „alten Amtssprachen" der Union – in meinem Fall also Deutsch und Italienisch – übersetzt wurden.

5. Zusammenfassung

Ich hoffe, dass ich in diesem Beitrag einen Überblick über die Grundzüge der Terminologielehre sowie die Fachsprache der ESVP verschaffen und damit einen Beitrag zur korrekten Vermittlung von Fachsprache sowie der entsprechenden äquivalenten Termini leisten konnte. Denn für die grenzüberschreitende Erfassung und Vermittlung von Wissen spielt die Korrektheit und Exaktheit von Terminologien eine entscheidende Rolle.

Literatur

Arntz, Reiner (1999) Terminologie der Terminologie. In: Snell-Hornby, Mary et al. (Hrsg.): Handbuch Translation. 2., verb. Aufl. Tübingen: Stauffenburg, 77-82.
Arntz, Reiner / Picht, Heribert / Mayer, Felix (2004): Einführung in die Terminologiearbeit. 5., verb. Aufl. Hildesheim et al.: Olms.
Fluck, Hans-Rüdiger (1996): Fachsprachen. Einführung und Bibliographie. 5., überarb. und erw. Aufl. Tübingen et al.: Francke.
Lewandowski, Theodor (1994): Linguistisches Wörterbuch. Bd. 2: I-R. 6. Aufl., unveränd. Nachdr. der 5. überarb. Aufl. Heidelberg et al.: Quelle und Meyer.
Möhn, Dieter (1968 / 1981): Fach- und Gemeinsprache. Zur Emanzipation und Isolation der Sprache. In: Hahn, Walter von (Hrsg.): Fachsprachen. Darmstadt: Wissenschaftliche Buchgesellschaft, 172-217.
Seibicke, Wilfried (1959 / 1981): Fachsprache und Gemeinsprache. In: Hahn, Walter von (Hrsg.): Fachsprachen. Darmstadt: Wissenschaftliche Buchgesellschaft, 40-66.
Weginger, Dagmar (2009): Terminologie der Europäischen Sicherheits- und Verteidigungspolitik. Eine Terminologiearbeit in den Sprachen Deutsch, Italienisch und Tschechisch. Wien: Landesverteidigungsakademie.

Die Geschichte des deutschen Fachwortschatzes im Tschechischen und Skandinavischen

Ingo T. Herzig (Liberec)

1. Teilbereiche der Sprache

Jede Sprache gliedert sich in verschiedene Sprachebenen auf: Umgangssprache, Schriftsprache, Jugendsprache – um nur einige dieser Ebenen zu nennen. Eine davon ist auch die Fachsprache.

2. Fachsprache, Fachwortschatz

Fachsprachen zeichnen sich in erster Linie durch einen besonderen Wortschatz aus. Dabei werden Gegenstände, Teile von Gegenständen, Werkzeuge sowie Materialien mit speziellen Namen benannt, die auf anderen Sprachebenen zumeist unbekannt sind, weil dort keine so genaue Spezifizierung vonnöten ist. Wer weiß beispielsweise schon, was der Dachdecker unter einem „Mönch" und einer „Nonne" versteht? Damit meint er zwei verschieden geformte Ziegel: Der „Mönch" ist nach oben, die „Nonne" nach unten gewölbt. Hierbei werden bereits vorhandene, anderweitig durchaus bekannte Wörter mit neuen Inhalten versehen. Ein anderes Beispiel ist das Wort „Garnitur", das in der Umgangssprache im Zusammenhang mit Kleidung oder Möbeln verwendet wird. In der Eisenbahnersprache bezieht sich dieses Wort auch auf einen Zug, der ja aus mehreren Teilen, sprich Triebwagen und Anhängern, besteht.

Ansonsten gibt es auch Wortbildungen, welche der des betreffenden Handwerks gänzlich Unkundige niemals zuvor gehört hat. So versteht z. B. der Bäcker unter „Teiglingen" das aus Teig geformte Backwerk, bevor dieses in den Ofen geschoben wird.

3. Fremdsprachlicher Fachwortschatz

Die eben genannten Beispiele bedienen sich im Großen und Ganzen des einheimischen Wortschatzes bzw. bereits vor langer Zeit integrierter Fachwörter, die heute gar nicht mehr als solche erkannt werden (z. B. „Mauer" von lat. „murus"). Besonders in der heutigen Zeit erhalten wir die Fachausdrücke aus dem fremdsprachlichen Bereich, namentlich aus dem Englischen, da die aktuellen technischen Neuerungen hauptsächlich aus dem englischen Sprachraum zu uns gelangen. Mit der Technik übernehmen wir auch den dazugehörigen Wortschatz aus der Fremde, weil dies einfacher ist als sich ein neues einheimisches Wort auszudenken. Diese Wörter werden mitunter mit deutschen Affixen versehen, um sie dem deutschen grammatischen System anzugleichen, z. B. „downloaden", „gedownloade*t*" oder „updat*en*", „*ge*updat*et*". Über die Notwendigkeit und die Ästhetik solcher seltsam anmutenden Hybridformen kann man indes streiten.

Die historischen Grundlagen der Fachsprachen liegen in der Arbeitsteilung und auch in der „Trennung von Wohnung und Arbeitsstätte". Im Deutschen werden Fachsprachen erst ab dem 14. Jahrhundert durch Protokolle der Handwerkerzünfte und Übersetzungen aus dem Lateinischen greifbar; es gab sie aber bereits viel früher (Fluck 1996, 27 f). Die Südgermanen etwa übernahmen von der Römern nicht nur die Kenntnisse, aus Stein zu bauen, sondern auch das entsprechende Vokabular: „Mauer" von lat. „murus", „Pfette"[1] von lat. „patena", „Pfahl" von lat. „palus" Aus dem Französischen stammen viele Wörter, die mit Rittertum und höfischem Leben zu tun haben: „Tournier", „Ball", später „Necessaire" oder „Contenance" etc. Aus den italienischen Städten, in denen sich seit dem 13. Jahrhundert das Bankwesen verbreitete, wurden Vokabeln wie „Konto", „Skonto", „Saldo" etc. übernommen.

Diesen Vorgang können wir durch alle Zeiten und in nahezu allen Teilen der Welt beobachten; denn überall und zu jeder Zeit kam es zu Kontakten zwischen verschiedenen Völkern und dadurch bedingt zu kulturellem wie fachlichem – und somit auch sprachlichem – Austausch. In der Geschichte Europas finden wir dieses Phänomen besonders im Einfluss des Französischen auf die englische Sprache. Thema dieses Beitrags ist der deutsche fachsprachliche Einfluss auf das Tschechische und das Skandinavische. Es sei angemerkt, dass sich der Einfluss keineswegs auf die Arbeitswelt beschränkte, sondern sich auch auf die private Sphäre auswirkte.

4. Der deutsche Einfluss auf das Skandinavische

Im 12. Jahrhundert errichteten niederdeutsche Kaufleute entlang der Südküste der Ostsee bedeutende Handelszentren wie Lübeck, Rostock, Danzig oder Riga

---

1 „Parallel zum Dachfirst verlaufender Balken im Dachstuhl zur Unterstützung der Sparren" (Duden 2007).

(Wühren 1954, 449; Peters 1987). Die Kaufleute der norddeutschen Städte schlossen sich in einem lockeren Bund, der Hanse, zusammen. In der zweiten Hälfte des 13. Jahrhunderts weitete sich die Hanse auf Skandinavien aus. Die niederdeutschen Kaufleute siedelten sich vornehmlich in den Städten wie z. B. Roskilde, Lund oder Bergen an (Törnqvist 1977, 13; Peters 1987, 68). Dabei wurde auch eine Reihe neuer Städte gegründet.

Die Einwanderer aus Norddeutschland waren „Männer des praktischen Lebens, gewandte Geschäftsleute, Organisatoren, Gesetzgeber, Schiffsbauer und Seeleute" (Dahlberg 1955, 195). Sie brachten viel Geschick und Erfahrung in diversen Handwerken mit, z. B. im Bergbau oder in der Glasherstellung (Törnqvist 1977, 14). Die Skandinavier hingegen hatten bis dahin hauptsächlich von Ackerbau, Viehzucht, Jagd und Fischfang gelebt und Handel lediglich in Form von Tauschgeschäften betrieben (Dahlberg 1955, 195). Daher begrüßten die skandinavischen Herrscher die Verbindung mit den deutschen Hansestädten und förderten die Einwanderung deutscher Kaufleute und Handwerker, da sie sich davon einen wirtschaftlichen Aufschwung erhofften (Wühren 1954, 449). Die Einwanderer erhielten die gleichen Rechte wie den Einheimischen (Törnqvist 1977, 13).

Der starke Bevölkerungszuwachs und das Prestige, das die niederdeutsche Sprache in Skandinavien genoss, führten zu einer skandinavisch-deutschen Zweisprachigkeit in den Städten und legten damit den Grundstein zu einer der größten Sprachmischungen der Sprachgeschichte, die nur vom Englischen übertroffen wurde (Törnqvist 1977, 12). Es bildete sich ein wahres Rotwelsch heraus, einer Sprache ohne jede Grammatik, die zur schnellen Verständigung im täglichen Verkehr diente (Wühren 1954, 456).

Mit den Handwerken und dem Verwaltungswesen brachten die niederdeutschen Einwanderer Dinge mit, die in Skandinavien zu jener Zeit wenig oder gar nicht verbreitet waren. Die Termini, die auf diese Weise in den Norden gelangten, entstammen im Großen und Ganzen folgenden Gebieten, wie sich am Beispiel des Schwedischen zeigen lässt (Wühren 1954, 453 f.; Dahlberg 1955, 196; Törnqvist 1977, 17):

- *Höfische Kultur und Rittertums*: „herr" („Mann"), „fru" („Frau"), „fröken" („Fräulein"), „junker" („Junger Herr"), „jungfru" („Jungfrau"), „greve" („Graf").
- *Stadtwesen*: „rådhus" („Rathaus"), „borgare" („Bürger"), „borgmästare" („Bürgermeister"), „drätsel" („städtisches Finanzamt", mnd. „dresel", afrz. „Tresor", lat. „thesaurus").
- *Seefahrt*: „jakt" („Jacht"), „kogge" („Kogge"), „mast" („Mast").
- *Alltagsleben*: „skåp" („Schrank"), „bädd" („Bett"), „grov" („grob"), „fri" („frei"), „kort" („kurz").

Etwas genauer wollen wir den Bereich des *Berufs und Handwerks* betrachten, wobei wir alle drei festlandskandinavischen Sprachen Schwedisch, Norwegisch (bokmål) und Dänisch sowie Deutsch nebeneinanderstellen:

S	N	DK	D
arbete	arbeide	arbejde	arbeiten
bagare	baker	bager	Bäcker
bergverk	bergverk	bjergværk	Bergwerk
jägare	jeger	jæger	Jäger
glasmästare	glasmester	glasmester	Glaser
gruvarbetare	gruvearbeider	grubearbejder	Bergmann
hyvel	høvel	høvl	Hobel
jägare	jeger	jæger	Jäger
jakt	jakt	jagt	Jagd
krukmakare	pottemaker	pottemager	Töpfer[2]
köpman	kjøpmann	købmand	Kaufmann
murare	murer	murer	Maurer
räkna	regne	regne	rechnen
sadelmakare	salmaker	sadelmager	Sattler[3]
skomakare	skomaker	skomager	Schuhmacher
skräddare	skredder	skrædder	Schneider[4]
slaktare	slakter	slagter	Metzger, Schlachter
smed	smed	smed	Schmied
timmerman	tømmerman	tømmermand	Zimmermann
vara	vare	var	Ware
verkstad	versted	verkstæ	Werkstatt
verktyg	verktøy	værktøj	Werkzeug

---

[2] Bemerkenswert ist in diesem Zusammenhang die Beobachtung, dass es in den skandinavischen Sprachen kein Verb „maka" / „make" („machen") gibt.
[3] Von „sadel" („Sattel").
[4] Von mnd. „schrader", später „schröder".

5. Der deutsche Einfluss auf das Tschechische

5.1 Zeitlicher Verlauf

Die tschechische Sprache stand über Jahrhunderte hinweg unter einem sprachlichen Einfluss von Seiten des Deutschen. Zeitweise war der Einfluss stärker, zeitweise schwächer: „Zweifellos drangen Wörter deutscher Herkunft eher auf dem gesprochenen Wege als mittels der geschriebenen Sprache ein (das bezeugt ihre lautliche Form)" (Havránek 1965, 17).

Die deutsche Sprache war schon im 12. Jahrhundert zur Zeit der Přemysliden in Böhmen die Sprache des Adels (Trost 1965, 21). In den Städten und auf dem Land fasste das Deutsche erst im Laufe des 13. Jahrhunderts Fuß (Trost 1965, 21): „Die deutschsprachigen Neusiedler, die als Kolonisten seit dem 13. Jh. in Richtung Osten expandierten, beteiligten sich an der Gründung neuer Städte und Burgen, wurden vielerorts in den städtischen Verwaltungsstrukturen ausschlaggebend und trugen zur Entwicklung neu vermittelter oder bereits bestehender Gewerbe, Handwerksberufe und Handelsbetriebe bei" (Newerkla 2004, 66).

Das reiche Bürgertum der Städte des 14. Jahrhunderts war in der Mehrheit deutschen Ursprungs. Die Bürger gingen dem Handel und Finanzgeschäften nach. Auch die Handwerke wurden zum Teil von Deutschsprachigen betrieben (Cuřín 1985, 24f.): „Besonders die Sektoren Bergbau, Münzwesen und Glasproduktion erlebten eine Blütezeit" (Newerkla 2004, 66).

Neu entwickelte Formen der Jurisdiktion sowie der höfische Lebensstil erforderten neues Vokabular, welches teils dem Lateinischen, teils dem Deutschen entlehnt wurde, da beide Sprachen im öffentlichen Leben nebeneinander gebraucht wurden. Das Lateinische lieferte Wörter wie „majestát", „registra", oder „karta" (Cuřín 1985, 27), aus dem Deutschen kamen: „man" („(Lehens)mann"), „hrabě" („Graf"), „markrabě" („Markgraf"), „léno" („Lehen"), „rek" („Recke"), „rytíř" („Ritter") und andere.

„Nach einem Rückgang in der Hussitenzeit trat dieser Einfluss wieder stärker in der Zeit der Entfaltung des Stadtstandes und in paralleler geistiger und religiöser Entwicklung beider Völker ab Ende des 15. Jahrhunderts in den Vordergrund. Dies war auch mit der Toleranz gegenüber fremdsprachlichen Einflüssen verbunden" (Havránek 1965, 16). Es wurden sowohl bestimmte Wörter übernommen als auch phraseologische Verbindungen in die tschechische Sprache übertragen (Havránek 1965, 16). Die Übernahmen wurden der heimischen Phonetik angepasst und mit einheimischen Derivationsendungen versehen. Direkte Übernahmen sind etwa „fedrovati" („unterstützen", „fördern") (Newerkla 2004, 264), „fortel" („Vorteil"), „grunt" („Grund"), „handl" („Handel", „Tausch"), davon „handlovati" („handeln", „tauschen"). Beispiele für Übersetzungen sind „nálezati se" / „nacházeti se" („sich befinden", „vorkommen"), „přeháněti" („übertreiben"), „lehkomyslný" („leichtsinnig"), „na vzdory" / „na vzdoru" („zum Trotz") etc.

Ab 1527 standen die böhmischen Länder unter der Herrschaft der Habsburger. Dies bedingte den Einzug deutscher Terminologie im Bereich des Militärs und der Verwaltung: „cajghaus" („Zeughaus"), „fechtovati" („fechten"), „knecht" („Knecht"), „rejthar" („Reiter"), „rotmistr" („Rittmeister"), „gráf" („Graf"), „kamerdíner" („Kammerdiener"), „kelner" („Kellner") u. a. (Havránek 1965, 16 f.).

In der Folgezeit, „als bereits eine überwiegend österreichisch geprägte Verkehrssprache erste Auswirkungen zeitigte" (Newerkla 2004, 71), war eine Abgrenzung der deutschen Entlehnungen kaum möglich, „weil in den städtischen Kreisen des tschechisch-deutschen Ultraquismus so gut wie jedes Wort in die tschechische Rede eingegliedert werden konnte" (Newerkla 2004, 71).

5.2 Fachsprachen, Fachtermini

Wie auch im Skandinavischen schlug sich die Übernahme deutschen Wortguts in nicht unwesentlichem Maße in der Sprache der Handwerker nieder, da Deutschsprachige die ab dem 13. Jahrhundert ins Land kamen, wirtschaftlich wie handwerklich weiter fortgeschrittenen waren als die einheimische Bevölkerung. Auch hier brachten sie nicht nur das Fachwissen mit, sondern ebenso die Terminologie.

„Eine Reihe von Wörtern, die einfache technische Vorrichtungen bzw. einfache, dem Alltagsleben dienende Geräte bezeichnen, sind alte Entlehnungen aus dem Deutschen, schon im Alttschechischen bekannt. Es sind dies z. B. Wörter wie „kotel" („Kessel"; eine urslawische Entlehnung […]), „váha" („Waage"; aus ahd. „wāga" vor dem 12. Jahrhundert übernommen, seitdem bis in die Gegenwart lebendig); […] „roura" („Röhre"; aus mhd. „rôre", seit der Mitte des 16. Jahrhunderts belegt und bis heute gebraucht); […] drát („Draht"; […] seit Ende des 16. Jahrhunderts belegt und bis heute lebendig)". (Batušek 1968, 87). Weitere Beispiele wären etwa „hamr" („maschineller Hammer") (Holub / Lyer 1968), „špachtle" („Spachtel"), „šroub" („Schraube"), „mandl" („Wäschemangel") (Rejzek 2001) oder „faktura" („Faktur(a)", „Rechnung") (ebd., Holub / Lyer 1968).

„In einzelnen Fachsprachen kommen noch ganze Lehnwortsysteme vor, die keine gesprochene Arbeitssprache, kein Slang im eigentlichen Sinn sind" (Skála 1968, 136). Weitere Beispiele aus verschiedenen Branchen sind „ajnfasovat" („einfassen"), „naheftovat" („anheften"), „cánhobl" („Zahnhobel"), „drakslovat" („drechseln") u. a. (Skála 1968, 137).

Nach den Wirren der beiden Weltkriege sind natürlich so manche dieser Fachtermini durch entsprechende tschechische Termini ersetzt worden (ebd., 136). Gleichwohl behaupten sich viele dieser Wörter bis heute auch in der Schriftsprache. Die Parallele zu den skandinavischen Sprachen ist an dieser Stelle beachtlich.

Bereits in der Epoche der „nationalen Wiedergeburt" im 19. Jahrhundert waren von Josef Jungmann und anderen Gelehrten viele naturwissenschaftliche Fachtermini in tschechisches Wortmaterial umgesetzt worden (Batušek 1968, 85-95). Es ist jedoch „interessant, dass der deutsche Anteil an der Entwicklung der tschechischen Schriftsprache in der lexikalischen Ebene sich gerade zu der Zeit verstärkte, da die gelehrten Sprachpfleger bemüht waren, die tschechische Nationalsprache von fremden Einflüssen entschieden zu emanzipieren. Dies ergibt sich daraus, dass die Angehörigen der tschechischen Intelligenz meist in deutschen Schulen heranwuchsen und in zweisprachiger Umwelt arbeiteten. Es kann also kaum überraschen, dass sie ihre sprachschöpferische Absicht sozusagen auf dem Hintergrund des deutschen lexikalischen Systems realisierten" (ebd., S. 86).

6. Zusammenfassung

Dass Sprachgemeinschaften zusammen mit technischen, handwerklichen bzw. wirtschaftlichen Neuerungen nicht selten auch das dazugehörige Vokabular von der „gebenden Gemeinschaft" übernehmen, ist in der Geschichte mehrfach belegt und findet auch heute noch statt – durch die fortschreitende Entwicklung der Massenmedien sogar leichter als in vergangenen Jahrhunderten. Heute beobachten wir diese Erscheinung in großem Maße am Englischen, das, bedingt durch die im englischen Sprachraum entstandenen modischen wie technischen Neuheiten, seine Spuren in vielen Sprachen hinterlässt.

Im Mittelalter und auch später beeinflusste der deutsche Kulturraum den tschechischen und skandinavischen Kulturraum in beachtlichem Maße. Dieser Einfluss schlug sich sowohl im täglichen, praktischen Leben als auch in der Sprache nieder. Durch den engen Kontakt mit den zugezogenen Deutschen übernahmen Skandinavier wie auch Tschechen neben den handwerklichen und auch sonstigen Fertigkeiten, die zuvor bei ihnen bislang weitgehend unbekannt gewesen waren, auch das dazugehörige Vokabular, das über einen langen Zeitraum – im Skandinavischen bis heute – den entsprechenden Wortschatz prägt.

Literatur

Batušek, Jaroslav (1968): Deutsch-tschechische Beziehungen in der tschechischen physikalischen Terminologie. In: Havránek, Bohuslav / Fischer, Rudolf (Hrsg.): Deutsch-tschechische Beziehungen im Bereich der Sprache und Kultur. Aufsätze und Studien II. Berlin: Akademie, 85-95.

Cuřín, František (1985): Vývoj spisovné češtiny. [Die Entwicklung der tschechischen Standardsprache]. Praha: SPN.

Dahlberg, Thorsten (1956): Das Mittelniederdeutsche im skandinavischen Raum. In: Wirkendes Wort 6, 193-199.

Det Danske Sprog- og Litteraturselskab [Gesellschaft für dänische Sprache und Literatur] (o. J.): Den danske ordbog. [Dänisches Wörterbuch]. Online unter: http://ordnet.dk/ddo, letzter Zugriff: 26.11.2011.

Dudenredaktion (Hrsg.) (2007): Duden. Deutsches Universalwörterbuch. 6., überarb. und erw. Aufl. Mannheim et al.: Dudenverlag.

Fluck, Hans-Rüdiger (1996): Fachsprachen. Einführung und Bibliographie. 5., überarb. und erw. Aufl. Tübingen et al.: Francke.

Havránek, Bohuslav (1965): Die sprachlichen Beziehungen zwischen dem Tschechischen und dem Deutschen. In: Ders. / Fischer, Rudolf (Hrsg.): Deutsch-tschechische Beziehungen im Bereich der Sprache und Kultur. Aufsätze und Studien. Berlin: Akademie, 15-19.

Hellquist, Elof (1922): Svensk etymologisk ordbok. [Schwedisches etymologisches Wörterbuch]. Lund: C. W. K. Gleerups. Online unter: http://runeberg.org/svetym/, letzter Zugriff: 26.11.2011.

Herzig, Ingo T. (2007): Tschechisch und Norwegisch – entfernte Verwandte, gemeinsames Schicksal. Wissenschaftliche Arbeit zur Erlangung des Grades PhDr., vorgelegt dem Institut für Germanistik, Nordistik und Niederlandistik der Philosophischen Fakultät der Masaryk-Universität Brünn. Online unter: http://is.muni.cz/th/251043/ff_r, letzter Zugriff: 27.11.2011.

Holub, Josef / Lyer, Stanislav (1992): Stručný etymologický slovník jazyka českého. [Kurzes etymologisches Wörterbuch der tschechischen Sprache]. Praha: Státní pedagogické nakladatelství.

Newerkla, Stefan Michael (2004): Sprachkontakte Deutsch – Tschechisch – Slowakisch. Wörterbuch der deutschen Lehnwörter im Tschechischen und Slowakischen. Historische Entwicklung, Beleglage, bisherige und neue Deutungen. Frankfurt am Main et al.: Peter Lang.

Peters, Robert (1985): Soziokulturelle Voraussetzungen und Sprachraum des Mittelniederdeutschen. In: Besch, Werner / Betten, Anne / Reichmann, Oskar / Sonderegger, Stefan (Hrsg.): Sprachgeschichte. Ein Handbuch zur Geschichte der deutschen Sprache und ihrer Erforschung. 2. Teilbd. Berlin: de Gruyter, 1210-1220.

Peters, Robert (1987): Das Mittelniederdeutsche als Sprache der Hanse. In: Ureland, Per Sture (Hrsg.): Sprachkontakt in der Hanse. Aspekte des Sprachausgleichs im Ostsee- und Nordseeraum. Akten des 7. Internationalen Symposions über Sprachkontakt in Europa, Lübeck 1986. Tübingen: Niemayer, 65-88.

Rejzek, Jiří (2001): Český etymologický slovník. [Tschechisches etymologisches Wörterbuch]. Voznice: Leda.

Skála, Emil (1968): Deutsche Lehnwörter in der heutigen tschechischen Umgangssprache. In: Havránek, Bohuslav/ Fischer, Rudolf (Hgg.): Deutschtschechische Beziehungen im Bereich der Sprache und Kultur. Aufsätze und Studien II. Berlin: Akademie, 122-137.

Törnqvist, Nils (1977): Das niederdeutsche und niederländische Lehngut im schwedischen Wortschatz. Neumünster: Wachholtz.

Trost, Pavel (1965): Deutsch-tschechische Zweisprachigkeit. In: Havránek, Bohuslav / Fischer, Rudolf (Hrsg.): Deutsch-tschechische Beziehungen im Bereich der Sprache und Kultur. Aufsätze und Studien. Berlin: Akademie, 21-28.

Wühren, Karl (1954): Der Einfluss des Deutschen auf die skandinavischen Sprachen. In: Muttersprache, 448-459.

Abstracts

1. Konrad Ehlich: Wissenschaftssprache(n) und Gesellschaft

Die Voraussetzungen für die europäische Wissenschaft liegen in den drei Ökumenen des vorderorientalisch-europäischen Raumes: der lateinischen Welt, Byzanz und der arabischen Welt – eine Situation, für die es anderswo auf der Welt kein Pendant gibt. Über komplexe Traditionslinien wurde schließlich der lateinische Raum bestimmend, wo sich ein – im heutigen Sinne modernes – Wissenschaftsverständnis zeitgleich mit der sukzessiven Nutzung der Volkssprachen für das wissenschaftliche Geschäft etablierte. So kommt es zu spezifischen Nutzungen gemeinsprachlicher Elemente in der Wissenschaft und deren Retransfer in die Gemeinsprachen, zu einzelsprachenspezifischen *alltäglichen Wissenschaftssprachen*, die zugleich als Metasprachen für die wissenschaftliche Praxis und als Instrumente der Kommunikation wissenschaftlicher Erkenntnis in die Gesellschaften dienen. Vor diesem Hintergrund erhält die Sprechweise von verschiedenen Wissenschaftskulturen ihre Berechtigung, nicht zuletzt auch mit Blick auf jene Regionen, in denen die Wissens- und Wissenschaftsentwicklung eine von dem lateinischen Raum unabhängige Entwicklung genommen hat. Die Frage der Verallgemeinerbarkeit wissenschaftlicher Erkenntnis erhält von hierher ihre Dringlichkeit und Schärfe, die Frage nach den in verschiedenen ausgebauten Wissenschaftssprachen angelegten spezifischen Möglichkeiten ihre Relevanz. Denn die Nutzung einer einzigen aus der Tradition des lateinischen Raumes hervorgegangenen Wissenschaftssprache, des Englischen – und dies zugleich in deren zur *lingua franca* reduzierten Version –, kann keine Alternative darstellen. Europa ist gerade dabei, die Chancen zu verspielen, die in der Existenz mehrerer ausgebauter Wissenschaftssprachen liegen. Die europäische Politik steht hier in der Pflicht, die Voraussetzungen für die Praktizierung wissenschaftlicher Mehrsprachigkeit und damit für den Erhalt dieser Wissenschaftssprachen zu schaffen.

2. Christian Fandrych und Betina Sedlaczek: Sprachkompetenzen und Sprachverwendung in englischsprachigen Studiengängen an deutschen Hochschulen. Ergebnisse einer empirischen Studie

Der Beitrag legt die Ergebnisse einer mit Unterstützung des DAAD an der Universität Leipzig durchgeführten Pilotstudie dar, die sich mit der Sprachverwendung, dem Sprachstand und dem Sprach(förder)bedarf internationaler Studierender in (größtenteils) englischsprachigen Studiengängen in Deutschland befasst. Es zeigt sich, dass die Studierenden sowohl im Englischen als auch im Deutschen häufig nicht über ein Sprachniveau verfügen, mit dem sie Studium und Alltag problemlos bestreiten können. Aus der Perspektive der Lehrenden ist die

Verwendung des Englischen in der Wissenschaftskommunikation ebenfalls nicht immer ohne Probleme. Der Nachfrage nach Sprachkursen und Weiterbildungsmöglichkeiten wird bislang nicht mit einem geeigneten Sprachförderungskonzept begegnet. Dieser Zustand steht in starkem Kontrast zu dem Interesse eines auf höchstem Niveau stattfindenden Wissenschaftstransfers und dem politischen Interesse einer langfristigen Bindung internationaler Wissenschaftler an den deutschen Raum.

3. Melanie Moll: „Aber ich hab' doch schon C 1" – Lehrmaterialien für studienbegleitende Wissenschaftssprachkurse

Wer Deutsch als fremde Wissenschaftssprache souverän rezeptiv und produktiv beherrschen will, hat auch über das Niveau C1 hinaus einen kontinuierlichen Aneignungsbedarf. Neben der Bereitstellung eines universitären Kursangebots müssen Lehrmaterialien entwickelt werden, die dem speziellen Bedarf derjenigen genügen, die auf Deutsch studieren, forschen oder lehren möchten. Nach einer Skizzierung der Lernziele und Vermittlungsgegenstände (wissenschaftssprachliche Strukturen und „alltägliche Wissenschaftssprache") werden studentische Textproduktionen analysiert: Formulierungen des Gegenüberstellens und Vergleichens, wie sie u.a. für Grafikauswertungen relevant sind, stehen dabei im Mittelpunkt. Ausgehend von den hier beobachteten Schwierigkeiten werden auszugsweise Materialien präsentiert, die für ein Lehrwerk zur Vermittlung der Wissenschaftssprache Deutsch konzipiert sind.

4. Winfried Thielmann: Wissenschaftlichkeit als Stil? Über studentische Annäherungsversuche

Der „Stil" wissenschaftlicher Texte, d.h. ihre besondere sprachliche Verfasstheit, ist der Tatsache geschuldet, dass sie keinen informativen Zwecken dienen. Vielmehr versuchen wissenschaftliche Autoren, in ihren Texten neue Erkenntnisse gegen bestehendes – und oft akzeptiertes – Wissen durchzusetzen. Diese eristische Qualität (Ehlich) wissenschaftlicher Texte, an der wesentlich gemeinsprachliche Mittel beteiligt sind, ist unter der scheinbar assertiven Struktur dieser Texte verborgen. Texte aus Abschlussarbeiten zeigen, dass Studierende selbst in dieser Phase oft über für wissenschaftliche Zwecke unzureichende gemeinsprachliche Fähigkeiten verfügen, die eristische Struktur wissenschaftlicher Texte nicht erkennen und völlig unzutreffende Vorstellungen von der Natur des wissenschaftlichen Erkenntnisprozesses unterhalten. Dem lässt sich nur begegnen, indem wissenschaftliches Schreiben nicht als „Stilfrage", sondern im Zusammenhang wissenschaftlicher Zwecke vermittelt, und wissenschaftliche Texte bei ihrer Lektüre wesentlich stärker als bisher in ihrer wissenschaftlichen Anliegens- und Untersuchungsstruktur rekonstruiert werden.

5. Iris Fischer: Sprachlich-kommunikative Handlungserfordernisse im Beruf am Beispiel der ärztlichen Niederlassung in Deutschland

Aufgrund zunehmender Mobilität und Globalisierung ist der Bedarf an fach- und berufsorientierten Fremdsprachenkompetenzen deutlich gestiegen, was das Fach Deutsch als Zweitsprache vor eine neue Herausforderung stellt. Das Wissen darüber, wie Handlungen im institutionellen Kontext verankert sind und wie Wissen in einem Beruf generiert und weiterverarbeitet wird, ist eine wichtige Voraussetzung für die Entwicklung bedarfsgerechter Materialien und Kurse für den berufsorientierten Deutschunterricht; ein handlungsorientierter Ansatz ist somit unabdingbar. Am Beispiel des ärztlichen Handelns in einer Praxis wird aufgezeigt, wie sprachliche Handlungen in einem Berufsfeld identifiziert und durch Kontextualisierung in ihrer Funktion und Bedeutung erschlossen werden können.

6. Helena Neumannová: Chancen der Promovierten auf dem euroregionalen Arbeitsmarkt. Zur Rolle der (Fach)Sprachenkompetenzen

Im Jahr 2009 wurde an der Technischen Universität Liberec ein Projekt durchgeführt, bei dem analysiert wurde, welche Anforderungen der Markt an Absolventen von Doktorstudiengängen stellt. Bei der Fragebogenumfrage wurden Arbeitgeber gebeten, sich zu den erwarteten Kompetenzen dieser Hochschulabsolventen zu äußern, und gleichzeitig wurden auch postgraduale Studenten der TUL angesprochen, damit sie die Qualität der hochschulischen Vorbereitung bewerten. Der Beitrag legt einige Teilergebnisse dieser Analysen vor.

7. Irena Vlčková: Wirtschaftsdeutsch online

Der Aufsatz gibt einen Einblick, wie sich der Unterricht am Lehrstuhl für Fremdsprachen an der TU Liberec durch die Integration des Internets verändert und verbessert hat. Besonders hervorzuheben sind dabei die Projekte *Elektronische Medien im Unterricht* und *Entwicklung von gemeinsamen multimediagestützten Lehr- und Studienmaterialien*, welche die Lehrenden zu einem professionellen Umgang mit Multimedia führen sollten beziehungsweise sollen. Im Beitrag werden die Möglichkeiten der virtuellen Lernumgebung und der Entwicklung von Materialien mithilfe moderner Medientechnologie zusammengefasst. Anhand von Beispielen wird gezeigt, wie dies konkret im Fremdsprachenunterricht an der TU Liberec umgesetzt wird.

8. Gabriele Graefen: Vom Abgrenzen und Definieren in der Fachsprachenforschung. Beitrag zu einer Kritik

Der Beitrag befasst sich mit den immer wieder neu erörterten Selbstdefinitionen und Gegenstandsfindungsproblemen in der Fachsprachenliteratur. In manchen Forschungsübersichten ist ein übertrieben negatives Bild festzustellen, das die vorhandenen Ergebnisse und Fortschritte konterkariert. Andererseits gibt es aber auch Selbststilisierungen und unhaltbare methodische Vorbilder. In diesem Beitrag wird in knapper Form gezeigt, dass ein großer Teil der Probleme aus der strukturalistischen Sprachsystemanalyse stammt. Die „pragmatische Wende" konnte, soweit das sprachliche Handeln im Fach als eine bloße Akkumulation von Einflussfaktoren verstanden wurde, dazu keine echte Alternative bieten. Demgegenüber wird abschließend skizziert, was ein pragmatischer Umgang mit der Fachkommunikation zu beachten hätte.

9. Martin Lachout: Sprache der Politik unter linguistischer Betrachtung

Globalisierung sowie wissenschaftliche und technische Innovationen führen dazu, dass Fachwissen und Fachsprachen immer wichtiger werden. Die Lehrenden müssen den Studierenden nicht nur das jeweilige Fachwissen vermitteln, sondern sie auch mit den Spezifika von Fachtexten vertraut machen. Im Beitrag werden die spezifischen Merkmale von Fachtexten am Beispiel der Politikwissenschaft aufgezeigt. Den Ausgangspunkt bildet ein forschungsgeschichtlicher Überblick zum Ausdruck *Fachsprache*. Danach folgt eine Auseinandersetzung mit der Auswahl und der Verwendung grammatischer und lexikalischer Mittel (Lexik, Wortbildung, Morphologie, Syntax) in Fachtexten.

10. Dagmar Weginger: Die Fachsprache der Europäischen Sicherheits- und Verteidigungspolitik anhand ausgewählter deutscher, tschechischer und italienischer Termini

Der Beitrag beschäftigt sich mit der Untersuchung und Definition des Fachwortschatzes der Europäischen Sicherheits- und Verteidigungspolitik und möchte zugleich einen groben Überblick über die Besonderheiten der Terminologiearbeit liefern. Neben den Grundlagen der Terminologiewissenschaft wird in diesem Beitrag in erster Linie auf konkrete Beispiele aus einem von der Autorin vorgelegten dreisprachigen Glossar eingegangen und die Fachsprache der Europäischen Sicherheits- und Verteidigungspolitik anhand dieser ausgewählten Termini erläutert sowie deren Problematik beschrieben.

11. Ingo T. Herzig: Die Geschichte des deutschen Fachwortschatzes im Tschechischen und Skandinavischen

Es wurde wohl kein Kulturraum so stark vom deutschen Kulturraum und somit von der deutschen Sprache beeinflusst wie der tschechische und der skandinavische. Im Zuge der Expansion der Hanse gelangten deutsche Seeleute, Kaufleute und Handwerker nach Norden und ließen sich in Skandinavien nieder, wobei sie ihre handwerklichen Fähigkeiten zusammen mit dem dazugehörigen Vokabular mitbrachten und dort heimisch machten. Die Situation im tschechischen Kulturraum war im Grunde die gleiche: Im Mittelalter siedelten sich deutsche Handwerker und Kaufleute an und gingen ihrem Metier nach, das auf diese Weise mit der Zeit von der einheimischen Bevölkerung zusammen mit dem entsprechenden Wortschatz übernommen wurde. Der sprachliche Einfluss beschränkte sich in beiden Fällen indes nicht allein auf das Berufsleben, sondern erstreckte sich auf alle Lebensbereiche. Dieser Prozess ist nicht allein auf die Vergangenheit beschränkt, sondern kann auch heute, im Zeitalter der elektronischen Medien, in verstärktem Maße beobachtet werden.

1. Konrad Ehlich: Vědecký(é) jazyk(y) a společnost

Výchozím bodem tohoto příspěvku je vědecký jazyk a jeho vztah ke společnosti. Rozbor termínů *Wissenschaft* (*věda*), *science* a *arts* slouží jako báze pro diskusi o rozličných tématech: vědecký jazyk jakožto specializovaná forma komunikace musí být vždy posuzován v kontextu společenských podmínek vědy a daných jazykových podmínek. Vzájemné interakce existují rovněž i v tom ohledu, že na jedné straně prvky běžného jazyka přecházejí rovněž i do jazyka vědeckého; na druhé straně má vědecký jazyk rovněž dopad na jazyk jako celek. Z výše uvedených faktorů a souvislostí vyplývá, že akademická kultura je cosi velmi specifického, ale i přesto by se vědecký svět měl snažit o jistou míru universality. *Vědecko-jazyková komparatistika*, která zkoumá příslušné akademické kulturní rozdílnosti a jimi používaný jazyk, se ukázala býti jednoznačným desideratem. Namísto podpory angličtiny jakožto Linguy franky vědeckého světa, by měla být pozornost soustředěna především na podporu vědecké vícejazyčnosti. A je to právě Evropská unie, která za toto nese velkou míru zodpovědnosti.

2. Christian Fandrych a Betina Sedlaczek: Angličtina a němčina na „mezinárodních" studijních oborech: kompetence, užití a vyhodnocení ze strany studentů i vyučujících

Příspěvek prezentuje výsledky pilotní studie, provedené na Lipské universitě a podporované z prostředků Německé akademické výměnné služby (DAAD). Studie se zabývá užitím řeči, znalostí řeči a potřebou jazykové podpory mezinárodních studentů ve (většinově) anglicky vyučovaných studijních oborech v Německu. Ukazuje se, že studenti jak v angličtině, tak i v němčině často nedosahují takové jazykové úrovně, která je potřebná pro bezproblémové ukončení studia a pro běžný denní život. Také z hlediska vyučujících není použití angličtiny ve vědecké komunikaci vždy bezproblémové. Poptávka po jazykových kurzech a kurzech dalšího vzdělávání se doposud nesetkala s vhodným konceptem důsledné jazykové podpory. Je proto naléhavě nutné jednat.

3. Melanie Moll: „Ale já už mám přece C 1" – výukové materiály pro vysokoškolské jazykové kurzy

Ten, kdo chce jakožto cizinec suverénně a efektivně ovládat vědeckou němčinu, má neustálou potřebu dalšího sebevzdělávání; a to i přes to, že již získal jazykový certifikát C 1. Kromě nabídky klasických univerzitních jazykových kurzů, musí být rovněž vyvíjeny takové výukové materiály, které budou svým obsahem odpovídat konkrétním požadavkům těch, jež chtějí v němčině studovat, bádat či vyučovat. Nejprve budou načrtnuty výukové cíle a způsoby jejich zprostředkování (vědecko-jazykové struktury a „každodenní vědecký jazyk"). Poté budou analyzovány vědecké texty studentů: analýza schopnosti konfrontovat a kriticky srovnávat, která je mimo jiné důležitá např. pro vyhodnocování diagramů, představuje těžiště referátu. Na základě v praxi vysledovaných konkrétních obtíží budou ve zkrácené verzi prezentovány materiály, které jsou koncipovány jako učebnice pro výuku němčiny na vědecké úrovni.

4. Winfried Thielmann: Vědeckost jako styl? Jak se studenti pokoušejí přizpůsobit

„Styl" vědeckých textů, tzn. jejich specifická struktura, je ovlivněn tím, že tyto texty neslouží primárně jen k informativním účelům. Navíc se mnoho autorů ve svých vědeckých textech pokouší prosadit nové poznatky, jež se ostře vymezují proti stávajícímu a široce akceptovanému stavu vědomostí o dané problematice. Tato „eristická" kvalita (Ehlich) vědeckých textů, na které se do velké míry podílí rovněž i obecný jazyk, je skryta pod zdánlivou asertivní strukturou takovýchto textů. Texty závěrečných prací ukazují, že studenti sami často nedisponují dostatečnými znalostmi obecného vědeckého jazyka. Mají problémy poznat eristickou strukturu textu, jejich představy o charakteru vědeckého poznávacího procesu jsou nerealistické. Takovémuto procesu se dá předejít pouze tak, že vědecké psaní nebude nadále chápáno jen jako „otázka stylu", nýbrž bude interpretováno v souvislosti s vědeckými cíli. Při četbě vědeckých textů budou muset být podstatně více než doposud akcentovány otázky vědeckého zájmu a struktury daného výzkumu.

5. Iris Fischer: Potřeba jazykově-komunikačních kompetencí v zaměstnání na příkladu německého zdravotnického zařízení

Vzhledem ke zvyšující se pracovní mobilitě a celkové globalizaci se potřeba odborných a profesně orientovaných jazykových kompetencí nepoměrně zvětšila. Toto klade rovněž nové a nemalé nároky na němčinu, jakožto „druhý jazyk". Znalost o tom, jak dalece jsou různé postupy zakořeněny v institucionálním kontextu a jak jsou generovány a zpracovávány vědomosti v rámci profese, to vše je důležitým předpokladem pro vývoj příslušných výukových materiálů pro profesně orientovanou výuku němčiny. Bezpodmínečně nutný je tedy přístup orientovaný na praxi. Na příkladu konkrétního postupu v lékařské praxi bude ukázáno, jak lze identifikovat jazykové prostředky v dané profesi a jak je lze prozkoumat z hlediska jejich funkce a významu pomocí metody kontextualizace.

6. Helena Neumannová: K úkolům regionálních univerzit – na příkladu Euroregionu Neisse-Nisa-Nysa

V roce 2009 se uskutečnil na Technické univerzitě v Liberci projekt, který se zaměřil na analýzu požadavků trhu v oblasti uplatnění absolventů doktorského studia. V dotazníkovém šetření byli osloveni zaměstnavatelé, aby se vyjádřili k očekávaným kompetencím těchto absolventů vysoké školy a zároveň byli osloveni studenti v doktorském studiu na TUL, aby vyhodnotili kvalitu vysokoškolské přípravy. Autorky předkládají výsledky těchto analýz.

7. Irena Vlčková: Hospodářská němčina online

Článek dává nahlédnout do problematiky, jakým způsobem se změnila a kvalitativně zlepšila výuka na Katedře cizích jazyků díky využití internetu. Zdůraznit je potřeba především dva projekty: projekt *Elektronická média ve výuce* a projekt *Vývoj společných multimediálně chráněných výukových a studijních materiálů*. Tyto projekty by měly podnítit vyučující využívat všech možností profesionálního přístupu k multimediím. V příspěvku budou shrnuty možnosti virtuálního vzdělávacího prostředí stejně jako vývoj výukových materiálů s pomocí moderních mediálních technologií. Na příkladech bude ukázáno, jak jsou tyto postupy realizovány konkrétně na Katedře cizích jazyků Technické univerzity v Liberci.

8. Gabriele Graefen: Vymezení a definice ve výzkumu odborného jazyka – kritický pohled

Příspěvek pojednává o stále živě diskutovaných „autodefinicích" a „tématech hledání problémů" v odborné literatuře. V přehledech různých výzkumů lze vypozorovat zbytečně zveličený negativní obraz, jenž pak devalvuje dosavadní výsledky a pokroky na tomto poli. Na druhou stranu zde existují rovněž tzv. „autostylizace" a metodické vzory, jež jsou dlouhodobě neobhajitelné. Tento referát se bude snažit poukázat ve zkrácené formě na fakt, že mnohé problémy vyplývají ze strukturalistické jazykově-systémové analýzy. Pokud chápeme použití jazyka v daném oboru jako pouhou akumulaci různých faktorů vlivu, nenabízí tzv. „pragmatický obrat" žádnou reálnou alternativu. V závěru příspěvku bude krátce nastíněno, jaké skutečnosti by neměly být při využití metody pragmatického zacházení s odborným jazykem opomenuty.

9. Martin Lachout: Řeč politiky z hlediska lingvistické analýzy

Globalizace stejně jako vědecko-technické inovace vedou k tomu, že odborné vědomosti a odborný jazyk získávají stále více na významu. Úlohou vyučujících není toliko jen zprostředkování odborných znalostí svým studentům, nýbrž také schopnost obeznámit studenty s příslušnými specifiky odborných textů. V tomto příspěvku budou představena specifická charakteristika odborných textů na příkladu z politologie. Výchozím bodem je historicko-výzkumný přehled k výrazu *odborný jazyk* (*Fachsprache*). Poté následuje rozbor výběru a užití gramatických a lexikálních prostředků (slovní zásoba, tvoření slov, morfologie, syntax) v odborných textech.

10. Dagmar Weginger: Jazyková míchanice v EU – odborný jazyk Evropské bezpečnostní a obranné politiky na základě vybraných německých, českých a italských termínů

Příspěvek s názvem „Jazyková míchanice v EU – odborný jazyk Evropské bezpečnostní a obranné politiky na základě vybraných německých, českých a italských termínů" analyzuje a definuje odbornou slovní zásobu Evropské bezpečnostní a obranné politiky a má zároveň vytvořit stručný přehled o zvláštnostech terminologie. Vedle základů terminologie se příspěvek především zaměří na konkrétní příklady z mého trojjazyčného glosáře, kromě toho vysvětluje odbornou slovní zásobu Evropské bezpečnostní a obranné politiky na základě vybraných termínů či její problematiku.

11. Ingo T. Herzig: Historie německého odborného slovníku v češtině a skandinávštině

Není snad žádné kulturní oblasti, která byla ovlivněna německou kulturou, a tudíž i německým jazykem silněji, než česká a skandinávská. V průběhu expanze Hansy se dostali němečtí námořníci, kupci a řemeslníci na sever a usadili se ve Skandinávii, zavádějíce tam svoje řemeslnické dovednosti, jakož i odpovídající slovník. Situace v české kulturní oblasti byla v podstatě stejná: již ve středověku se tam usadili němečtí řemeslníci a kupci věnujíce se svým povoláním, čímž jejich odborné dovednosti zdomácněly i tam mezi původními obyvateli a odpovídající slova a výrazy se časem staly i součástí českého jazyka. V obou případech se však jazykový vliv neomezil jen na pracovní život, nýbrž vnikl do všech životních oblastí. Tento proces lze pozorovat až do současné doby, díky elektronickým médiím v ještě silnější míře.

1. Konrad Ehlich: Academic language(s) and society

The paper argues that the prerequisites of European science are to be seen in the three ecumenic worlds of late Antiquity and the Middle Ages: the Latin world of Europe, the Greek world of the Byzantine Empire and, last but not least, the Arabic world – a situation historically unparalleled. After complex interrelations the Latin world of Europe finally emerged as dominant, only to do away with its ecumenic language by putting former vernacular languages in the service of budding modern science. In the context of this transformation, elements of ordinary language are shaped to specifically serve the purposes of science, giving rise to the development of "ordinary academic language" as a meta-language and epistemic resource of science, while, at the same time, elements of academic language are transferred back into society. This is the process through which different academic cultures came into being. The different academic languages sustained by their respective societies are epistemic resources for new insights and innovation. Hence the increasing dominance of English in academia is a massive problem, especially since the potential losses of this process are barely understood. Comparative research into the epistemic resource quality of academic varieties is therefore a must. The institutions of a unified Europe have the responsibility of fostering and maintaining the academic languages and cultures of Europe.

2. Christian Fandrych and Betina Sedlaczek: Linguistic skills and language use in anglophone courses at German universities. Results of an empirical investigation

In the context of the internationalisation of German academic institutions, international post graduate degrees have been introduced at many universities in order to attract foreign students. The language in these courses is English. As the study points out, the English skills of international participants leave a lot to be desired while the language skills of the lecturers are questionable. Furthermore, international students receive very little assistance in terms of coping with the linguistic demands of their everyday life. Such structures are inadequate to serve the political interest of fostering foreign scientists who remain loyal to Germany. At the same time one can rightly assume that academic teaching at a masters level is impossible in such circumstances.

3. Melanie Moll: "But I am already at level C1" – Teaching materials for degree-related language courses

Even students with excellent receptive and productive language skills in German as a foreign academic language will need to continue improving beyond a C1 level. In addition to academic language courses, teaching material needs to be developed that satisfies the special requirements of those who study in German or intend to do teaching and research in German. Before a presentation of such recently developed material, the paper outlines the learning objectives and teaching subjects (structures of academic language and "ordinary academic language") and then proceeds to an exemplary analysis of student academic writing. The focus here is on linguistic devices employed to express contrasts and comparisons in the context of the interpretation of graphic charts.

4. Winfried Thielmann: Is academic writing a question of style?

Academic texts are not written to inform. Rather, authors attempt to establish new knowledge against already existing – and often widely accepted – knowledge. This eristic quality (Ehlich) of academic texts is frequently expressed by structures derived from ordinary language and is often camouflaged by the seemingly assertive structure of academic texts. A closer look at theses submitted at a masters level reveals that even in the final stage of their studies students frequently do not possess the skills necessary for proper academic writing. They are unable to recognise the eristic structure of academic texts and have an entirely speculative conception about the nature of the scientific process of gaining new insights. To counteract this development, academic writing should not be taught as "a question of style", but in the context of actual research.

5. Iris Fischer: The communicative requirements of self employed physicians in Germany

With growing mobility and globalisation, the need for specialised and professionally oriented foreign language competence has rapidly increased and challenges the teaching of German as a second language. The knowledge of which actions are required in a specific institutional context and how knowledge is generated and processed is a crucial prerequisite for the development of tailor-made teaching material and courses for professionally oriented German classes. Therefore, an action-oriented approach is indispensible. Using the actions required of a doctor in his own surgery as an example, the paper demonstrates how linguistic actions can be identified in an occupational area and how their functions and meanings can be interpreted by contextualisation.

6. Helena Neumannová: People with doctoral degrees in the regional labour market. The influence of special language skills

In 2009, a team from the Technical University in Liberec (TUL) conducted a research project focusing on the special market demands on people with doctoral degrees, especially in the area of (foreign) special language skills. The paper presents some of the results of this study, complemented by teaching content evaluations by postgraduate students.

7. Irena Vlčková: Business German online

The paper provides an overview of how language teaching and learning at the faculty of foreign languages at the Technical University in Liberec (TUL) has been changed and improved through the integration of the Internet. Of particular importance are the projects *Elektronische Medien im Unterricht* und *Entwicklung von gemeinsamen multimediagestützten Lehr- und Studienmaterialien* ("Electronic media in class" and "Development of common multimedia-supported teaching and study material") the purpose of which was to familiarise the lecturers with the professional handling of multimedia. The paper summarises the potential of a virtual learning environment and the development of material by means of media technology.

8. Gabriele Graefen: Definitions in languages for special issues research – a critical evaluation

The paper argues that the research into languages for special issues has far too long been obsessed with trying to find a proper definition of "special language". As one cannot define what one has not yet investigated, research in this area should proceed to take seriously actual language use in institutional contexts.

9. Martin Lachout: The language of politics from a linguist's point of view

Globalisation as well as scientific and technical innovations have lead to a growing importance of expert knowledge and specialist language. Educators not only have to teach particular special knowledge to the students, they also need to acquaint them with the characteristics of specialised texts. This paper shows specific properties of specialised texts from political science. The starting point is an overview of the history of research into languages for special issues. After that, the selection and usage of grammatical and lexical means (lexis, word formation, morphology and syntax) in political science texts are discussed.

10. Dagmar Weginger: Selected German, Czech and Italian vocabulary of the European Security and Defence Policy

This paper deals with the examination and definition of the terminology of the European Security and Defence Policy and provides a rough overview of the characteristics of terminology work. After a description of the basic principles of terminology science, concrete examples of a trilingual glossary are discussed.

11. Ingo T. Herzig: The History of the German Technical Vocabulary in the Czech and Scandinavian Languages

In history, there was undoubtedly hardly a cultural area that was more influenced by German culture and the German language than the Czech and the Scandinavian cultural areas. During the expansion of the Hanseatic League, a large number of German sailors, craftsmen and merchants came to the North and settled in Scandinavia, bringing along their technical knowledge and the corresponding technical vocabulary. The situation in the Czech cultural area was the same: During the Middle Ages, German craftsmen and merchants settled there and plied for their trade. In this way, German working traditions became part of the indigenous people's culture, together with the corresponding technical vocabulary. In both cases, the linguistic influences were not limited to the professional sector but affected all areas of life. This process is not restricted to the past, but can be increasingly observed even today, in the age of electronic media.

Autorenverzeichnis

Dipl. phil. Iris Fischer

Studium Diplomübersetzen Englisch und Französisch am Institut für angewandte Linguistik und Translatologie der Universität Leipzig sowie Deutsch als Fremdsprache am Herder-Institut der Universität Leipzig. Studien- und Lehrtätigkeit in Lyon, Belém (Brasilien), London und Leipzig. Seit 2009 wissenschaftliche Mitarbeiterin an der Professur Deutsch als Fremd- und Zweitsprache der Technischen Universität Chemnitz. Schwerpunkte: Fachsprachendidaktik.

Prof. Dr. Dr. h. c. Konrad Ehlich

Studium der prot. Theologie, Philosophie, Soziologie, Linguistik, Germanistik und orientalischer Sprachen in Bielefeld (Bethel), Heidelberg, Mainz und Berlin. Promotion an der Freien Universität Berlin zum Thema *Verwendungen der Deixis beim sprachlichen Handeln* (1976). Habilitation für Allgemeine Sprachwissenschaft an der Philosophischen Fakultät der Universität Düsseldorf über *Interjektionen* (1980). Lehrstuhlinhaber an der Katholischen Hochschule Tilburg, der Universität Dortmund und der Ludwig-Maximilians-Universität München. Gastprofessuren an Universitäten in Österreich, Griechenland, Australien, Brasilien, Finnland und Italien. Seit 2009 Honorarprofessor am Institut für Deutsche und Niederländische Philologie der Freien Universität Berlin. Schwerpunkte u. a.: Allgemeine und Angewandte Sprachwissenschaft, Linguistische Pragmatik, Diskurs- und Textlinguistik, Wissenschaftssprache, Deutsch als Fremd- und Zweitsprache.

Prof. Dr. Christian Fandrych

Studium der Fächer Deutsch als Fremdsprache, Germanistik und Neuere Geschichte an der Ludwig-Maximilians-Universität München. Promotion ebenda zum Thema *Wortart, Wortbildungsart und kommunikative Funktion* (1992). Tätigkeit als wissenschaftlicher Mitarbeiter und Dozent in Passau, München, Mexiko-Stadt und London. Seit 2006 Professor für Linguistik des Deutschen als Fremdsprache am Herder-Institut der Universität Leipzig. Schwerpunkte: Wortbildung, Lexikologie, Textlinguistik, funktionale Grammatik, Wissenschaftssprache, Kontrastive Linguistik, Sprachdidaktik.

Dr. Gabriele Graefen

Studium der Lehramtsfächer Deutsch, Geschichte, Philosophie, Psychologie, 2. Staatsexamen Sekundarstufe II an den Universitäten Duisburg und Bochum (1982/83). Promotion an der Universität Dortmund zum Thema *Wissenschaftlicher Artikel* (1996). Lehrtätigkeiten an den Universitäten Dortmund und München (seit 1996), Vertretung einer Professur an der PH Heidelberg (2 Sem.). Schwerpunkte in Lehre und Forschung: Linguistik des Deutschen, Fachsprachen- und Wissenschaftslinguistik, Didaktik des Deutschen als Fremdsprache und Zweitsprache, Spracherwerbsforschung.

PhDr. Ingo T. Herzig, M. A.

Studium der Germanistik, Romanistik und des Deutschen als Fremdsprache an der Johannes-Gutenberg-Universität in Mainz. Seit 1989 Unterrichtserfahrung, anfangs Italienischunterricht an verschiedenen Volkshochschulen, später DaF-Kurse für ausländische Studenten an der Johannes-Gutenberg-Universität Mainz. Seit 1993 regelmäßige Teilnahme als Lehrkraft an der Sommerschule der Westböhmischen Universität Pilsen. Seit 1994 bis heute Anstellungen als Lektor für Deutsch an verschiedenen tschechischen Universitäten, z. Z. an der Technischen Universität Liberec.

PhDr. Martin Lachout, Ph. D.

Studium der Germanistik und Russistik an der Karlsuniversität Prag. 2006 Promotion mit einer Dissertation zum Thema *Kompensatorische Strategien als problematische kommunikative Fertigkeit im Bezug auf neurolinguistische und psycholinguistische Aspekte des Fremdsprachenerwerbs* (Ph. D.). Tätig an der Metropolitan University Prag als Leiter der Abteilung für Deutsch. Lehrveranstaltungen in Morphologie, Syntax und Fremdsprachendidaktik. Forschungsschwerpunkte: Morphologie, Syntax, aktuelle Fragen der gegenwärtigen Sprachdidaktik, interdisziplinäre Fächer der Neurolinguistik und Psycholinguistik.

Dr. Melanie Moll

Studium der Fächer Deutsch als Fremdsprache, Romanische Philologie, Pädagogik und Germanistische Linguistik an der Ludwig-Maximilians-Universität München. Studienschwerpunkte: Angewandte Linguistik und Sprachlehr- / Sprachlernforschung. Promotion im Bereich Wissenschaftssprache: *Das wissenschaftliche Protokoll. Vom Seminardiskurs zur Textart: Empirische Rekonstruktionen und Erfordernisse für die Praxis* (2001). Von 2003 bis 2007 wissenschaftliche Koordinatorin des Linguistischen Internationalen Promotionsprogramms LIPP an der LMU München. Seit 2008 geschäftsführende Direktorin der *Deutschkurse bei der Universität München e. V.*

PaedDr. Helena Neumannová, Ph. D.

Studium der Germanistik und Bohemistik an der Pädagogischen Fakultät der Jan Evangelista Purkyně-Universität Ústí nad Labem. Weiterbildung an der Philosophischen und Pädagogischen Fakultät der Karlsuniversität Prag (1991 PaedDr., 2008 Ph. D.). Seit 1992 tätig als Dozentin für Wirtschaftsdeutsch an der Technischen Universität Liberec, seit 1995 Leiterin der Abteilung Deutsch als Fremdsprache ebenda. Seit 2007 Leiterin des Sekretariats des Akademischen Koordinierungszentrums in der Euroregion Neiße. Forschungsschwerpunkt: Sprachkompetenzen der Hochschulabsolventen wirtschaftswissenschaftlicher Fachrichtungen.

Betina Sedlaczek, M. A.

Studium der Fächer Deutsch als Fremdsprache und Anglistik an der Universität Leipzig. Lehrtätigkeit für Fachdeutsch, Phonetik und Englisch in Loughborough (England), Leipzig, Zwickau und Melbourne. Seit 2009 wissenschaftliche Mitarbeiterin bzw. Lehrkraft für besondere Aufgaben am Herder-Institut der Universität Leipzig.

Prof. Dr. phil. habil. Winfried Thielmann

Studium der Fächer Deutsch als Fremdsprache, Neuere deutsche Literatur, Musikwissenschaft und Physik an der Ludwig Maximilians-Universität München. Promotion ebenda zum Thema *Fachsprache der Physik als begriffliches Instrumentarium* (1998). Habilitation zum Thema *Hinführen – Verknüpfen – Benennen: Zur Wissensbearbeitung beim Leser in deutschen und englischen Wissenschaftstexten*

(2006). Lehrstuhlvertretungen und Dozenturen in Dresden, Potsdam und Canberra. Seit 2008 Vertretung und spätere Berufung auf die Professur Deutsch als Fremd- und Zweitsprache der Technischen Universität Chemnitz. Schwerpunkte: Linguistik des Deutschen, Didaktik des Deutschen als Fremd- und Zweitsprache, Wissenschaftssprache (auch komparativ Deutsch/Englisch), Interkulturelle Kommunikation, Sprachtheorie, linguistisch basierte Wissenschaftstheorie.

PaedDr. Irena Vlčková, Ph. D.

Studium der Germanistik und Bohemistik an der Pädagogischen Fakultät der Jan Evangelista Purkyně-Universität Ústí nad Labem. Auslandssemester an der Pädagogischen Fakultät der Universität Potsdam mit Schwerpunkt Deutsch als Fremdsprache. Doktorstudium an der Pädagogischen Fakultät der Karlsuniversität Prag mit einer Arbeit zum Thema *Theorie des Deutschunterrichts* (PaedDr.). 2008 Dissertation zur *Hochschulpolitik der Tschechischen Republik im Vergleich* (Ph. D.). Seit 1991 tätig als Dozentin für Deutsch als Fremdsprache am Lehrstuhl für Fremdsprachen der Technischen Universität Liberec, z. Z. beauftragt mit methodischen Aufgaben der Abteilung.

Mag. phil. Dagmar Weginger

Übersetzerin und Dolmetscherin für die Sprachen Deutsch, Italienisch und Tschechisch. Von 1999 bis 2006 Studium am Zentrum für Translationswissenschaft der Universität Wien. Seit Oktober 2007 Lektorin des Österreichischen Akademischen Austauschdienstes für deutsche Sprache an der Wirtschaftsfakultät der Technischen Universität Liberec sowie als Übersetzerin und Dolmetscherin für die Sprachen Tschechisch und Italienisch tätig.

www.ingramcontent.com/pod-product-compliance
Ingram Content Group UK Ltd.
Pitfield, Milton Keynes, MK11 3LW, UK
UKHW021823140426
5217IPUK00004B/57